磁石（および電気）論

W. ギルバート　原 著

板 倉 聖 宣　訳・解説

仮 説 社

訳者のはしがき

科学の精神に魅きつけられている人たち，押しつけられた科学を嫌い自ら考えたしかめることの好きな人たち――そういう人たちに読んでほしいと思ってこの本を訳しました。

学校で磁石や電気について教える先生方，磁石や電気について自分で考えたしかめることに興味をもった学生・生徒のみなさん，この本に一度目を通してみてください。そして磁石や電気についての学問がいかにしてはじまったか，どんなにたくましい合理的な精神のもとに築かれはじめたか，しばらく考えてみてください。おねがいします。

私がこの本を訳したのは，偶然ではありません。三つも四つもの動機が重なり合って，とうとう翻訳という面倒な仕事をやることになったのです。

私ははじめ，とくにこの本の序論に見られる近代科学の幕あけのたくましい言葉に目をみはりました。その言葉は，私の好きなガリレオの言葉よりもさらに強く私の心にひびきました。この本の著者ウィリアム・ギルバート（1544～1603）はガリレオ・ガリレイ（1564～1642）より20歳年上です。それだけ近代科学に対する抵抗が強かったはずでしたから，学者たちから孤立することをおそれずにつきすすむためには，着実な研究の積み重ねと，たくましい近代精神とが必要でした。じつは私はここ十数年来，「混迷に満ちた教育学を真の科学に高めるために，ギルバートが物理学においてやったのと同じような仕事をしなければならない」と覚悟してきているのです。だから，〈うわべだけもっともそうな学問〉を徹底的に告発するギルバートの言葉が，他人ごと，昔ごとには思えないのです。現代科学のみにくい姿を嫌うあまり，ともすれば近代科学のヒューマニスティックな精神をうけつぐことを忘れたこのごろの風潮におそれをいだいて，ぜひともたくさんの人々の心のなかに近代科学の精神を復活させたいと思って訳したのです。

私がこの本を訳すようになった第2の動機は，十年ほど前から「ふしぎな石，じしゃく」に関する認識の歴史に興味をもち，その教材化に力をつくしてきたことにもとづいています。石のじしゃく（=慈石）を中心にした磁石学の研究は，このギルバートの本におどろくほどくわしく展開されているのです。もっとも，あまりくわしいので，この本の原著を全部読み通すのはたいへんです。そこで，今日の私たちにとってとくに興味深いと思われるところを中心に，ごく一部だけ翻訳することにしました。「近代科学の知識を全くもたない人間でも，磁石を中心にどれほどいろいろなことを実験し考察しうるか」ということを味わってくだされぱうれしく思います。

第3の動機は，最近興味をもちはじめた静電気の実験がもとになっています。『慈石論』と題するこの本の中で，電気についても論じられているということについては，私もずっと以前から知っていました。しかしあらためてこの本の電気のところを読んでみて，その実験と議論の周到さにびっくりさせられました。ギルバートが「すべてのものが電気に感ずる」ことを明確に主張しているということも，おどろきでした。また，電気力の働き方を直観的に理解する手段として「水に浮かせた物体が（水の表面張力のために）くっつきあったり反発しあったりする現象」に着目しているのには，さらにおどろかされました。それらのアイデアは今日の小中高校での科学教育の改革にもそのまま役立たせうると思われたからです。

ギルバートはすばらしい科学者です。しかし，この本の中には，今日の科学の到達点から見るとまちがっているところがたくさんあります。私はそこにも注目してほしいと思ってこの本を訳すことにしました。この本の中には，アリストテレスの四元素説の考えなど古代・中世のまちがった考えをそのまま受け入れているところがあるのです。しかし，それにもかかわらず，ギルバートがいかに磁石の研究を近代的なものにすることに成功したか，そのことを見てほしいのです。

近代科学の正しい結論だけを受け継ごうと思ったら，なにも古典など読む必要はありません。しかし，多くのまちがいをあえてしながら，新しい科学の世界を切りひらいていった近代科学のたくましい精神を知ろうと思ったら，やはりこういう古典にふれる必要があるわけです。ギルバートが同時代の学者たちと同じように「水晶は水の結晶だ」と大まじめに論じているところ（本書52ページ）など，たのしいと思いませんか。（これはボイルがはじめて明確に否定したことです。そのことについては，板倉・西谷・犬塚『仮説実験授業記録集成２：結晶』国土社を参照のこと）

同じような考えは，自らの頭で考える子どもたちなら，今日でもしばしば考えることなのです。そこで，もしあなたが大人であったなら，ギルバートのおかしたまちがいをあたたかく見守るのと同じ心でもって，子どもたちの多くのまちがいをあたたかくはげまして見守ってくださるよう，とくにおねがいして，筆をおきたいと思います。

板倉聖宣

■ 小訂正新版の発行に際して

本書の初版第１刷が発行されたのは1978年８月のことでした。そのあと，1981年３月には三田博雄さんによって本書原本の全訳が朝日出版社から発行になりました。三田博雄訳『（科学の名著７）ギルバート』（朝日出版社，1981年３月）です。安心して利用しうる全訳が現れたのです。

そこで一時，本書の需要は減ったように思われたのでしたが，その後すこしたつと，本書に対する根強い需要があることが分かりました。古本価格がかなり高くなったのです。とはいっても，科学の古典というものは，それほど需要があるわけではありません。そこで仮説社ではこれまで本書の増刷を見合わせてきたのですが，今回やっとふんぎりをつけて増刷することになりました。そこで久びさの増刷ということで，新しく版を改めることになったので，初版本の全体を見直したところ，少し読みにくいと思われるところを各所に発見したので，それぞれ少しばかり字句を訂正しました。

とくに大きく変えたのは，私が〈カコミ符〉と名付けている記号〈　〉をかなり採用したことです。少し長い文章だと，どの文がどこに続くのか，迷うことがあります。本書のように原著者が大昔の人の場合は長い文章が多いので，読みにくくなるのです。ところが，同じく長い文章でも，ひとまとまりの文を〈　〉記号でくくっておくと，ずっと読みやすくなることが少なくありません。私はそのことを本書の初版発行以後になって意識するようになったので，今回版を新たにするに際して，それを実行することにしたのです。その他，「／」記号を多様して，読みやすくすることも試みました。

それにしても，うんと昔の人の書いた文章を読むのは容易ではありません。ギルバートは近代科学の実験的伝統を確立した先駆者だとはいえ，アリストテレス以来の四元素説を受け容れていました。それで，現代の物質観とは異なる考え方をしていたりするので，現代の人には理解困難な話がたくさん出てくるのです。

そこで，ギルバートの本文を読んで，「何をいっているのか，さっぱり分からない話がつづく」と思う人びとも少なくないと思います。もしもそう思われたら，訳者の解説を先に読んでみてください。場合によっては，ギルバートの本文を読みはじめるより先に訳者の解説を先に読んだ方がいいかもしれません。そのあと本文を読めば，かなり理解できると思います。

本書は全訳ではなく，十分の一ほどの翻訳にすぎません。それなのに，ギルバートの本文を読み通すのはシンドイのです。科学史研究の専門家になろうとでも思う人でなければ，原本の全体を読み通すことはおすすめできません。訳者である私を含む一般の科学愛好者は，昔の大科学者の研究の仕方のおおよそが理解できれば十分だと思うのです。私がギルバートの原本（や，フックの『ミクログラフィア』）を全訳しなかったのは，訳者としては〈これだけで十分だ〉と思ったからです。

それでも，「もっと他の部分のことも気になる」という場合もあることでしょう。しかしそういう方であっても，いきなり全訳を手にして読みはじめたら，「こんな本に付き合ってはいられない」と思われてしまいそうです。そういうことも心配で，一部だけを訳したわけです。

さいわい，三田さんの全訳も出版されたので，とくに気になる部分があったら，そういうところだけ同書を見てくだされぱよいと思います。本書の巻末には全部の目次を掲げてあるので，三田さんの全訳本を手にするときの手がかりとしては十分だと思います。

（2008年５月27日記）

慈石（および電気）論　目次

慈石，磁性体，巨大な慈石：地球について

多くの議論と実験とによって証明された新しい生理学

解　説

原本と訳出要領

1．この本の原本は

De Magnete, magneticisque Corporibus, et de magno Magnete Tellure ; Physiologia nova, plurimis & argumentis, & experimentis demonstrata, Petrus Short，1600年

である。私の手もとにある覆刻版（Culture et Civilisation，ブラッセル，1967年）によると28.3×19cmの大判で本文240ページの豪華本である。

2．原本はラテン語であるが，原本の出版300年を記念して，原本の体裁･雰囲気をそのまま伝えるような英語版が出版されている。

すなわち，Silvanus P.Thompson 訳の

On the Magnet, magnetick Bodies also, and on the great Magnet the Earth ; a new Physiology, demonstrated by many Arguments & Experiments, Chiswick Press，1900年

である。私の手もとにはこの本の覆刻版（Derek J.Price 解題，Basic Books 1958年）があるのだが，たいへん凝った一種の豪華本である。私にはあまり役立たなかったが，くわしい訳注もついている。この日本語訳は，この英語版からの重訳をもととし，術語など二，三気になる部分だけラテン語原文を対照することによってなりたったものである。

3．原本は全体が６部（Libra＝Book）にわかれている。その各部には表題といったものはないが，その各部はそれぞれ17／39／17／21／12／9 の章に分かたれており，章にはそれぞれその内容を示す表題がついている。この翻訳では，序文のほか第１部の第１／第３／第５の各章と第２部の第２／第17〜22，第５部の第２章の各章だけを訳出した。他の章は（巻末に章の見出しと図版をのせたほかは）省略したが，とりあげた章は完訳して，今日から見れば〈全くまちがっている〉と思われる部分も日本語で読みうるようにした。結局原本の紙面の十分の一あまりを訳出したにすぎないが，それでも原本の雰囲気はかなりよく伝えることができたつもりである。

4．この訳書をみてもわかるように，原本の各章の長さはじつに長短さまざまである。原本でわずか６〜７行の短い章があるかと思うと，原本で14ページ（537行分）にもわたる大きな章（第２部第２章）もある。ところが，

そんなに長い第２部第２章でも，中見出し·小見出しはおろか，行を改めて話題の変化を示すこともしていない。思いつくままに書きしるしたという感じが強いのである。これではたいへん読みづらいし，とっつきがわるい。そこで，この訳書では訳者の責任でとくに長い章には節の中見出しを，また必要に応じて小見出しをも加えた。

5．訳文は，「ギルバート自身が現代日本語を知っていたら，自分のいいたいことをどのように表現しただろうか」ということを頭にえがいて，できるだけわかりやすくするように努めた。事柄によってはそれでもわかりづらいところがある。そういうところには訳注をつけ，巻末に「解説」を付した。「解説」には，今日でも簡単に追試しうるおもしろい実験の要領も付しておいた。見出しも含めて，訳者注はすべて〔　〕で示してある。

6．原本は普通 *De Magnete* と略称され，日本語では『磁石について』と訳されるのがふつうであるが，これを『慈石論』と訳すことにした。ところが，この翻訳では電気に関する部分をとくに重視したために，電気に関する部分が磁石そのものに関する部分と同じくらいの比重をしめることになった。そこで，この抄訳書の表題は『磁石（および電気）論』として，その内容を推察できるようにした。本文中には「慈石」という文字を多く用いたが，これは古来中国や日本で天然磁石を指すのに用いられてきた言葉であ。本書でいう magnes は今日のような人工磁石ではないので，それと区別するつもりで慈石としたのである。慈石とは「自分のかけら（や鉄）を二つの極で慈しむ石」の意である。

7．本訳書の原稿の整理はすべて伊藤篤子さんにおねがいしたが，伊藤さんは訳文のおかしなところを数多くなおしてくださった。そこで，この訳書は伊藤さんの手を経ることによってずいぶん読みやすくなったことと思う。記して感謝の意を表したい。

8．今後このような科学の古典の翻訳が多数の人々の手によって着実にすすめられるようになることを期待したい。訳出の希望のある人々の申し出を歓迎し，その出版に力をかしたいと思う。基本的な科学の古典が数多く訳出されれば，いまや見失われがちな近代科学のヒューマニスティックな精神をよみがえらせるのに役立つことが少なくないと思うからである。

コルチェスター出身
ロンドンの医師
ウィリアム・ギルバート著

慈石，磁性体，巨大な慈石：地球について

多くの議論と実験とによって証明された新しい生理学

ロンドン
ペトルス・ショート蔵版　1600年

磁気の哲学（Magneticae Philosophiae）に関心をもつ誠実な読者の方々へ

——はしがき——

自然の秘密を発見したり，事物の隠れた原因を研究したりするときに，よりたしかな証明となるもの——それは，〈信ずるに値する実験と，証拠にもとづく議論〉とによって提供されるものであります。それは〈哲学の教授たちの当て推量とか意見〉といったものによって提供されるものではないのです。ですから，これまで全く知られなかった「かの巨大なる慈石=万人共通の母なる大地」の高貴なる本性をよりよく理解し，わが地球の抜群の気高い能力をよりよく理解できるようにと，筆者は次のように計画しました。すなわち，まず手はじめに〈一般の磁性体，石や鉄の材質〉をしらべ，次に〈磁性を示す物体〉をしらべ，さらに〈(私たちが自分の手でふれ自分の感覚で感ずることができるような）地球の手近な部分〉をしらべ，それからさらに，〈証拠となりうるような磁気の実験〉にすすみ，そののちはじめて〈地球の内部〉まで見ぬこうというのです。

筆者は，最終的には地球の本性を学び知ろうと思って，山の高いところや海の深いところ，あるいは奥深い洞窟やかくれた鉱山から得られたたくさんの慈石を手にとり，徹底的にしらべてきました。そうして，磁気力を探究するのに長い間多くの努力を重ねてきたのです。磁気力というものは，他のすべての鉱物の力とくらべて何と不思議なものでしょう。じっさい，それは私たちのまわりにある他のすべての物体の力〔virtue—徳性，徳力〕にもまさっているのです。筆者はこの努力をむだだとか成果のないものだとは思いませんでした。それというのも，筆者が実験している間，日々新しい予期しない性質が明るみに出てきたからです。筆者の哲学も，こうして着実に観察してきたことの中から大きく成長してきたので，筆者はこの大地の球のなかの方や，その固有の性質を磁気学の原理によって説明することを試みることができるほどになりました。そして，人々の前に万人の共通の母なる地球の秘密を明かし，それをあたかも指先で指さすかのように，感覚に訴えることのできる明白な実験と真実の論証とによって指摘することを試みることができるほどに自信をもつことができたのです。

ところで，幾何学はいくつかのごくささいなごくたやすい原理から出発して，はるかに偉大ではるかに困難な命題にまでのぼっていきます。それによって人間の理知は大空の上にまで高くのぼることができるのです。それと同じように，筆者の学説，磁気の科学（doctrina nostra & scientia magnetica）もまた，まず，便宜上〈よりあいまいさの少ない事実〉を説明することからはじめることにします。それらの明らかな諸事実から，さらに注目すべき他の事柄が明るみに出てきて，ついには〈この大地の球のかくされたもっとも重大な秘密〉がわかってくるのです。そして，古代の人々が無知だったり，近代の人々が無視したためにこれまで認められずに見すごされてきたような事柄の原因が知らされるようになるのです。

ところで，私はなぜ，かの大洋のごとき膨大な書物の海の中において――それらの書物によって〈学問好きな人々の心がすでに疲れはて，うんざりしてきた〉というのに，また，それらの書物のばかげた成果によってこの世界とわけのわからぬ人々とが酔いしれ，傲慢になり，たわごとをいい，文字の上での議論をつくりだし，一方では「哲学者」「医者」「数学者」「天文学者」などと自称しながら真に学問のある人々を無視してきたというのに――それなのに，なぜ私は，このかくも乱れた学問の社会にあえて何かをつけ加えなければならないのでしょうか。なぜ私は，この高貴な哲学――その多くのことが，これまで知られなかったものであるために新奇で信じがたく見えるこの高貴な哲学をば，人々の目の前にさらさなければならないのでしょうか。〈すでに他の人々の意見，権威に従うことを誓っているような人々〉や，〈すぐれた技術の不合理な破壊者たち／学問のある大ばかもの／言葉主義者／詭弁家／けんか好き／つむじまがりの小人，といった人たち〉の悪口によって，この高貴な哲学がずたずたにひきちぎられ呪われるかもしれないというのに，です。しかし私は，あなたがた，〈真に哲学しようとする人たち，知識を書物からではなく，ひたすら事物そのものから求めようとする正直な人たち〉だけにあてて，この新しい哲学の仕方にしたがって，これらの磁気の原理をば書こうというのです。

〔このへんの文章は〈ジョルダノ·ブルーノが宗教裁判にかけられて焚殺されたことに対する抗議の念〉を込めて書かれたといわれている。ブルーノはギルバートと同じくコペルニクスの地動説を支持発展させた神学者で，ちょうど，この『慈石論』の出版されたのと同じ年――1600年の2月17日に処刑されたばかりだったのである。――訳者〕

ところで，もしこれらの意見や奇説そのものには同意しない人があったとしても，そういう人々にもせめて，筆者が多くの労力と徹夜と費用とをかけて実行し証拠づけた一連の実験と発見（すべて哲学というものは，とりわけ実験と発見とによって栄えるものですから）だけには注目してほしいと思います。もしこれらの実験や発見の中に受けいれられるものがあれば，それをよりよく役立ててほしいと思います。

私は，古い事柄に新鮮さを与え，時代おくれのものに輝きを与え，暗がりに光を与え，軽蔑されているものに体面を与え，疑わしいものに信用を与えるといったことをするのが，どんなに骨の折れることか知っています。それにもまして，新しくてこれまで聞いたこともないような事柄に対して，あらゆる人々のありとあらゆる意見をものともしないようなある種の権威を獲得し確立することは，はるかに困難なことです。それゆえ，そのようなことについては，筆者は気になりません。なぜなら，哲学することは少数の人々だけのものだと思われるからです。

本書のうち，筆者自身による発見や実験には，その事柄の重要性や不思議さに応じて大小のスター印を添えておきました。〔この訳書でも★⋆の印を残してある〕

〈同じ実験をやってみようとする人々〉はだれでも，その物質を自分の手にとってみてください。ただし，いいかげんに不注意に扱ってはいけません。用心深く，器用に，適切なやり方で扱ってください。さもなければ，（たとえそれが成功しなくても）筆者の発見を非難してはなりません。この本のなかには，これまで筆者が探究しなかったことや，私たちの間で何回も繰り返し実験されなかったことは何一つとして印刷されていないからです。筆者の推論とか仮説の中の事柄は，それがふつうに受けいれられている意見と相容れないときには，一見したところ，おそらく受けいれがたく思えることでしょう。けれども私は，それらのことは将来実験的証明そのものによって権威を得るにちがいないと思っています。

磁気の科学においては，何故にもっとも進歩した人々までが〔証拠のない〕仮説をもっとも信用し，その仮説をもっとも利益あるものとしているのでしょうか。磁気の哲学では，あらゆる点あるいは少なくとも大部分の点がたしかめられていないので，何ごとにせよ，たやすくだれかにとってたしかなものになるなんていうことはないのです。この本で示される自然知識は，ある種の一般的な磁気力についてごく少数の筆者がわずかな事柄を書き伝えてきたことを除けば，ほとんど全く新しいもので，これまで聞かれなかった事柄ばかりです。筆者は，まれにしか〈古代ギリシアの権威ある人々を，筆者の議論を裏づけるために引用すること〉をしませんでした。その理由は，ギリシア時代の論法やギリシアの語句を用いたところで，真理が論証されうるわけでもなければ，それがより正確にもより意味あり気にも説明されるものではないからです。というのは，筆者の磁気についての命題は，ギリシア人の原理や独断の多くと食い違っているからです。

また，筆者は，この著作を雄弁に書きたてようとしたり，美しい言葉で飾ることもしませんでした。ただ筆者は，ここで取扱うむずかしい事柄や未知の事柄がはっきりと理解されるのに必要とされるような文体と言葉でもって書いただけです。それゆえ，筆者は，ときには新しい聞きなれない言葉を用います。それは，(錬金術者たちがやろうとするように)ばかげた言葉のヴェールを用いることによって事実を影や霧で覆いかくすためではありません。それは，〈これまでまったく認められなかったために名称すら持たなかったような隠された事柄〉を明らかにして，正しく記述するためなのです。

さて，筆者のやった磁気の実験や，筆者が得た大地の均質な部分についての情報を記述したあとで，私たちはこの地球全体の一般的な性質へと話を進めます。そこにおいて，私たちにも自由にエジプト人やギリシア人，ローマ人たちがかつてその独断を発言するのに用いたのと同じ自由さで哲学することが許されるのです。昔の哲学者たちの独断のなかの非常に多くのまちがいは，後世の著者たちにまで順々に書き伝えられてきて，なまかじりの人々は今なおそれに固執し，あたかも永遠の暗がりの中にあるかのごとくさまよっています。哲学の初期の先祖たち，アリストテレス／テオフラストス／プトレマイオス／ヒッポクラテス／ガレノスに対しては，当然，私たちは永久に尊敬を払うべきでしょう。それらの人々のおかげで，知恵というものが子孫にまで普及してきたからです。けれども，私たちの時代は，それらの人々がいま生きていたとしたらおそらくよろこんで受けいれるであろうような，非常にたくさんの事実を発見し明るみにもたらしているのです。それゆえ，筆者もまた，筆者が長い経験によって発見してきたこれらの事柄をば，ためらうことなく証拠をあげうる仮説の形でくわしく説くことにしたのです。　以上。

第1部 第1章

慈石について古代人と近世人の書いたこと

——言及だけのものも含む。そのさまざまな意見とむなしさ——

〔1．鉄を引きつける石，慈石の発見〕

人類の歴史の初期には，哲学もまだ未開で，誤りと無知のかすみの中にあったから，〈事物の力や性質ですでによく知られていたもの〉といったらごくわずかのものしかなかった。そこには草木の密生する森林があり，金属的なものはまだかくされており，石についての知識など顧みられることもなかった。けれども，多くの人々の才能と労苦とによって，人々の利用と安全のために必要ないくつかの必需品が明るみに出され，それらが相ついで他の人々に伝えられるようになると，（それと同時に理性と経験とが信頼を増したこともあって）徹底的な調査が森林や草原，丘や高台についてされはじめた。それは海の水の底ふかいところにもおよび，大地の身体の内臓にもおよんだ。あらゆる事物がしらべられはじめたのだ。そしてとうとう，幸運によって，マグネスの石〔magnes lapis〕が鉄の鉱脈の中に発見された。おそらくは，鉄を精錬する人たちか金属を掘る人々によって発見されたのであろう。

この石は，金物師たちによって取り扱わているうちに，鉄に対するあの力強い吸引力をすばやく発揮した。その吸引力は，潜在性のあいまいな力ではなく，あらゆる人々によって容易にたしかめうるようなものであったので，高く称揚され，推奨されるようになった。その石が，いわば暗黒の中から，深い土牢の中からあらわれたかの如くあらわれ出でて以来，そしてその強力で目を見はらされるような鉄を求める力のために，人々によって威厳をつけられて以来，古代の多くの哲学者たちは医者たちと共にその石について論述し，手短に，いわばその石の記憶だけをほめたたえてきた。たとえばプラトン〔前427頃～347〕はその『イオ』において，アリストテレス〔前384～322〕はその『霊魂について』の第1巻において，その他，レスボスの人テオフラストス〔前372頃～287頃〕，ディオスコリデス〔60年頃活躍〕，C.プリニウス2世〔61～114頃〕，ユリウス･ソリヌス〔3世紀，ローマ〕といった人々が，慈石について述べている。

それらの人々によって伝えられたかぎりでは，慈石はただ鉄を引きつけるだけであった。慈石の他の性質はまだ発見されていなかったのである。もしもその石の話が簡単なものでなかったとしたら，その話はきっと粉飾されていて，当時ただ一つだけ知られていた慈石の性質にいくつかの作りごとやまちがいをつけ加えていたにすぎないのである。初期の時代には，今日におけるよりも少なからずひどい生かじりをする人々やまねをする人々がいて，多くの人々がうのみにするような作りごとやまちがいを提出していたのである。たとえば，「慈石はニンニクを塗られたり，ダイアモンドが近くにあると，鉄を引きつけない」というような話があった。

この種の話は，プリニウス〔23～79〕の本の中や，プトレマイオス〔紀元100年代の人〕の『四分儀』の中にあらわれてくる。それらのまちがいはおおぜいの人々の著書――自分自身の経験としては，たしかなことはほとんど何も知らないのに，自分の本を適当なかさにまでふくらませるために，あれやこれやの事柄について，ページからページへとそっくり写して書くような――そういうおおぜいの人々の著書を通じてせっせと普及させられ，(あたかも悪い雑草が地を覆うが如くに) すでに確実な地歩を得て，われわれの時代までも伝わってきているのである。

慈石についてのこういうおとぎ話は，学問の世界ではもっともすぐれた人，ゲオルギウス･アグリコラ〔1490～1555〕その人でさえ，他人の書いたものにもとづいて，その著『発掘物の性質について』〔*De Natura Fossilium*，これは『化石の本性について』と訳すべきかもしれない〕の中に実際にあることとして書いているほどである。ガレノス〔130～-200頃〕はその著『単純な薬の効能について』の第9巻の中で，慈石の薬としての効力に注目し，また『自然の効能について』の第1巻の中で，その鉄を引きつける性質に注目しているが，かれはそれより前のディオスコリデスのようにその原因を認識しそこない，さらに探究することもしなかった。しかし，その注釈家マッティオルスはその〈ニンニクとダイアモンドの物語〉をくりかえし，さらに〈マホメットの神殿が慈石でもって飛び上がった〉という物語をとり入れ，〔回教の僧侶たちは〕これを（空中に浮かぶ鉄製の棺とともに）聖なる奇蹟として示すことによって大衆をだました，と書いている。しかし，これは旅行者たちによって嘘であることが知られている。ところが，プリニウスはこう物語っている。——〈アレキサンドリアのアーシノーの寺院の中におかれた鉄製の像を空中に浮かせることができるかもしれない〉というので，キノクラテスという建築家はその寺院の上を慈石で屋根のように覆うことを試みた。ところが，そのうちにその建築家が死んでしまい，さらにその事業を「姉の記念に」と命じたプトレマイオス王も死んでしまったので実現されなかった，というのである。

〔2. 慈石はなぜ鉄を引きよせるかについての哲学者たちの考え〕

鉄の吸引の原因に関して古代の人々によって書かれたことは非常に少ない。ルクレチウス〔前95頃～55頃〕その他の人々の本には短い記事がある。他の人々は，ただ鉄の吸引のことについて，とるにたりないような貧弱な言及をしているだけである。それらすべてはカルダーノ〔1501～1576〕によって非難されている。〈こんなに重要な事柄でそんなに広い領域のことを哲学するにしては，あまりにも軽率で不注意すぎるというのである。また，〈それについてのより広大な概念や，より完全な哲学を提供してもいない〉というのである：けれども，カルダーノ自身はその膨大などの著書の中でも，哲学者にふさわしいこの問題について，新しい寄与をすることはなかった。かれはただ，すでに受けいれられているいくつかの意見や，他人からの借りもののアイデアや根拠薄弱な推量といったものを後世にのこしただけなのである。

近世の著者たちについていえば，ある人々はその医学における効能だけを述べている。アントニウス・ムサ・ブラザボルス／バプティスタ・モンタヌス／アマトゥス・ルシタヌスというような人々，ならびにかれら以前のオリラシウス（その『金属の効用について』の第18章）やエチウス・アミデヌス／アヴィケンナ〔=イブン・シナ，980～1037〕／セラピオ・マウルタヌス／ハリ・アッバス／サンテス・デ・アルドイニス／ペトルヌ・アポネンシス〔ピエトロ・ダバリ，1257～1315〕／マルケルルス／アルナルドゥス〔ヴィルヌヴのアルノー，1235頃～1312頃〕といった人々である。慈石に関してほんの数語でいくつかの点に言及しているだけの人には，マルボデウス・ガルルス／アルベルトゥス〔=アルベルトゥス・マグヌス，1193～1280〕／マッテウス・シルヴァティクス／ヘルモラウス・バルバルス／カミルルス・レオンハルドゥス／コルネリウス・アグリッパ〔1486～1535〕／ファルロピウス／ヨハンネス・ランジウス／クサの枢機卿〔=ニコラウス・クサヌス，1401～1464〕／ハンニバル・ロゼチウス・カラベールといった人々がいる。これらの人々はすべてこの問題をいいかげんに扱っていて，ただ他の人々がどなり散らしていることや作り話をくりかえしているにすぎない。

マッチオラスは，慈石のおびきよせる能力が鉄物質中を通って伝っていくことをば，電気なまずの害（その毒は身体中を通っていつの間にかひろがる）とくらべて論じている。また，グイリエルムス・プテアヌスはその『下剤薬の理論』の中で，慈石をば簡単に学者らしく論じている。

トマス・エラストゥス〔1523〜1583〕は，磁気の本性については少ししか知っていないが，慈石についてはパラケルスス〔1493〜1541〕に反対して，〈その論拠が薄弱だ〉といっている。また，ゲオルギウス・アグリコラは，エンケリウスその他の冶金家と同様ただ単にいくつかの事実を述べているだけである。また，アレクサンダー・アフロディセウスはその『諸問題』の中において，慈石の問題を〈説明しえないもの〉としている；また，かのエピクロス学派の詩人ルクレチウス・カルス〔前94〜55〕は，この吸引はつぎのようにしてもたらされるのだと考えている。すなわち，「あらゆるものから非常に微細な物体の流れが出ているが，鉄から流れでる原子は慈石の元素によって空にされた鉄と慈石の間の空間に流れこむ。そこで，それらの原子が慈石に向かって流れはじめるや否や，その鉄もそれにしたがって動くのだ（その微粒子たちはからみあっているから）」というのである。

ヨハンネス・コステウスは，これとほとんど同じ趣旨でプルタークの言葉を引用している。また，トマス・アクィナス〔1225〜1274〕はその『自然学』の第７章の中で慈石のことを簡単に書いて，その本性について適切にふれている。もしもかれが磁気の実験に精通していたとしたら，その神聖で明析な知性でもって，さらに多くのことを発表していたことであろう。プラトンは慈石の力を神聖なものと考えている。

〔3．慈石の方位性の発見〕

ところで，300〜400年前，磁気の南北に向く運動が新たに発見されるか，多くの人々によって再発見されるかした。それ以後，多くの学識ある人々は，各自それぞれの考え方のくせにしたがい，おどろきと賞讃によるかある種の推理によるかして，このように注目に値する人類の使用にかくも有用な力に，解決の光明を投じようと試みるようになった。さらに近世の著者たちのうち，たくさんの人々は，〈磁気が南北の方向をさして動く原因は何か〉ということを示そうと努力し，この自然の偉大な奇蹟を理解し，それを他の人々の前にときあかそうとした。けれども，それらの人々は，その汗と脂の両方を無駄に消費してしまった。というのは，それらの人々は自然の問題についていつも扱いなれていないので，いくつかの誤解しやすい自然の仕組みによって欺かれてしまい，結局かれらは磁気的な実験をせずに，書物だけからむなしい意見にもとづいたいくつかの推論やありもしないたくさんのことを，老婆の物語を夢みるように，自分たちの意見として採用してしまったからである。

マルシリウス・フィッチヌス〔マルシリオ・フィチーノ，1433～1499〕は，慈石についての古代人の意見について思いめぐらし，慈石の方位性の理由を説明するために，天界の北極に位置するオオクマ座にその理由を求め，〈この石の中ではクマ座の勢力が優勢で，それが鉄に転移させられるのだ〉と想像している。パラケルスス〔スイスの医学者，1493～1541〕は，「天界には〈慈力を付与された星〉があって，それが自分の方に鉄を引きよせるのだ」と断言した。レヴィナス・レムニウスは方位針のことを記述し，それを賞揚して，ある種のことを根拠にしてその故事を推断しているが，かれは自分で提議しているその隠された奇蹟の秘密をもらしていない。

〔羅針盤を発明したのはだれか〕

ナポリ王国では「アマルフィ〔ナポリ市の南東の港町〕の人たちが船乗りたちの方位針をつくった最初の人であった」といわれている。フラヴィウス・ゴロンドゥスがいうところでは，キリスト紀元1300年ごろにアマルフィの人たちが「ヨハネス・ジョイアという一人の市民からそれを教わった」ということを誇りにしているのは根拠のあることだという。アマルフィの街は，ナポリ王国のなか，サレルノから遠からぬところ，ミネルバの岬の近くに位置している。チャールス５世がその支配権を，かの大提督アンドレア・ドリア〔ジェノバの提督，1468～1560〕に授けたところである。

実際，人間の工夫のうちで方位針以上に人類にとって役立った発明はいまだかつてなかったということは明らかである。けれども，ある人々の考えにるよると，それは以前から〔アマルフィの人々以外の〕他の人々によって発見されていて，航海に用いられていたということである。その人々は，古い書きものやたしかな議論と推論とをもとにしてそう考えているのである。小さな羅針盤についての知識は，ヴェネチアの人パオロ〔=マルコ・ポーロ，1254～1324〕によってイタリアに持ちこまれたのであろう。この人は1260年ごろに中国で方位針の技術を学んだのである〔これは正しいとはいえない－板倉〕。けれども，私にしても「アマルフィの人々がはじめて地中海に方位針を普及させた」という大きな名誉をそれらの人々から奪い去ろうと思っているわけではない。

ゴロピウスはこの発明の功をチムブリー人〔ゲルマニアにいた種属で，ローマの将軍マリウスに征服された〕またはチュートン人に帰している。方位針の上に記入されている32の方位の名称は，フランス人，イギリス人，スペイン人を問わずあらゆる国々の船乗りたちによって，いかにもドイツ語調に発音されているからというのである。けれどもイタリア人たちはそれをかれら自身の言葉だとしている。ある人たちは，「ユダヤ王ソロモンが羅針盤を使うことを知っていて，その船乗りたちとともに西インドからたくさんの金を持ちかえるときの長い航海中に船乗りたちにそのことを知らせたのだ」と考えている（そのことと，ヘブライ語のParvaimという言葉からして，アリアス・モンタヌスは，「ペルーは〈黄金に富んだ土地〉と名付けられるようになったのだ」と主張している）。しかし，他の人々がいっているように，その船乗りたちは低部エチオピアの海岸から，セファラの地方から来たということの方がいかにもありそうなことである。けれども，これらの説明は真実性が少ないように思われる。前時代に航海術にもっともすぐれていたユダヤの国境地帯に住むフェニキア人でさえ（ソロモン王は，船を作ったり探険をするときなどにも，それらの人々の才能や労力や助言を用いていた），慈石を用いること，すなわち羅針盤の技術を知らなかったと思われることを考えあわせると，そういえるのである。というのは，もしもかれらの間で方位針が用いられていたとしたら，疑いなくギリシア人，さらにはイタリア人やすべての蕃族たちが，こんなに必要なものを受けいれなかったとは考えられないし，それをひろく用いることによって有名にもしたにちがいないからである。ところがじっさいには，これは大評判の事柄ともならず，ごく容易には知りえなかったのである。だがしかし，こんなにも必要なものが，いまだかつて忘れさられたことがあっただろうか。これが古代から知られていたとすれば，学問がそれを後世の人たちに手わたし伝えるなり，それについて記したものが，書きものの中に現存しているはずであろう。

〔4．磁針はなぜ北をさすか，哲学者たちの意見〕

セバスティアン・カボット〔1476？～1557〕は「磁化した針の指す方向が場所によって変化する」ということをはじめて発見した人であった。ゴンザルス・オヴィエドゥス〔1478～1557〕は，アゾレス島の南ではそれは変化しないと書いた（その著『歴史』に書いた）最初の人である。フェルネリウスは，その著『隠れているものの原因について』の中で，「慈石の中には隠された難解な原因がある」といっており，他のところではそれを「天界のもの」としている。だがかれは，〈未知のものをさらに未知なものによって説明する〉こと以上のことは何一ついっていないのである。隠された原因に対するかれの探求はぎごちなく貧弱であり，要領を得ないものである。

傑出した哲学者であるかの独創的なフラカストリオ〔＝フラカストロ，1483～1553〕は，慈石の方位性の原因を尋ねて，〈極北の地には鉄の中の磁気的なものを引き寄せるような磁気の山がある〉かのように人前を偽っている。一部分他の人々にも賛同を得たこの考えは，その後たくさんの著者たちのしたがうところとなり，その人々の著書の中だけでなく地理書や海図，地球図の中にも見出される。すなわち，それらの人々は，〈大地の極とは別に磁気の極や磁気をおびた巨大な岩がある〉と空想しているのである。

フラカストリオより200年以上も前に，ピーター・ペレグリヌス〔1200年代中頃〕という名の，その時代としてはかなり学識のある人の書いた小冊子が存在している（ある人は，この本はオックスフォードの英国人ロジャー・ベーコンの考えをもとにしたものだと考えている）。〔事実はその逆で，R.ベーコンがペレグリヌスから影響をうけたのだというのが今日の定評である〕

その本の中では，〈磁気の方位性の原因は天の極からと天それ自体からのもの〉とされている。ハインオルトのヨハネス·タイスナーはこのピーター・ペレグリヌスの本から小冊子のための材料を抜き出し，それを新しい本として出版している。〔1562年のことである〕

カルダーノは，オオクマ座の尾のところにある星の出没について多くのことを語っており，磁気偏差の原因をその星の出現のせいにしている。すなわち，磁気偏差はその星の出現以後はいつも同じであると見なしているのである。けれども，位置の変化による磁気偏角のちがいや，多くの場所で生ずる変化や南半球では不規則でさえある磁気偏角の変化を考えあわせると，それを北方にあるその一つの特殊な星が昇ることの影響とする考えは受けいれられない。

コインブラの僧団の人々は極に近い天空のある部分にその原因を求めている。すなわちスカリゲル〔1484～1558〕はカルダーノに向けて書いたその『習練』の第81節で，かれ自身も知らない天の原因やまだどこにも発見されていない大地の慈石があるものとしている。その原因はその菱鉄鉱の山々そのものによるのではなしに，それらを形造ったところの力すなわち天の北の点に突きでている部分によるというのである。この考えはかの博識な人によって豊富な言葉でもってかざられ，また欄外に印刷されたたくさんの鋭敏な知性で冠されているが，その推論はそれほど緻密ではない。マーチン・コルテスは，〈両極の向こうの方に引っぱる場所がある〉と考え，それは動いている天であると判断している。フランス人のベッサルドゥスという人は，それにおとらぬ愚かさでもって，黄道帯の極をあげている。

パリの人ヤコブス・セヴェルチウスは，一方でいくつかの論点を引用しながら，「大地の異った部分からとれる慈石はその指す方向もちがう」という新しいまちがいをつくりだしている。そして〈慈石には東側の部分と西側の部分とが存在する〉といっている。

英国人のロバート・ノーマン〔1590年ごろ活躍した航海器具製作者，ギルバートの先駆者としてもっともすぐれた磁石の研究者〕は，磁化した鉄がそこに吸引されるのではなくて，その方向に向きをかえられるような，そういう点や領域というものを定めている。フランシスカス・マウロリクスは慈石についていくつかの問題にふれて，他の人々のありふれた考えをとりあげ，〈磁気偏差は，かつてオラウス・マグヌスによってとりあげられたことのある磁性の島によるのだ〉と断言している。ヨゼフス・アコスタは，慈石については全くの無知であるにもかかわらず，慈石についての気のぬけた話をとうとうとしゃべっている。

リヴィリオ・サヌートはイタリア語で書いたその著『地誌』の中で，「磁気の基準子午線と磁気の極とは天にあるか大地にあるか」という問題について詳細に論じ，また，経度を見出すための道具についても論じている。けれども，かれは磁気の本性を理解していないので，このかくも重要な思いつきについても誤りとあいまいさ以上のなにものも提起していない。

フォルトゥニウス・アフェイタトスは，鉄の吸引とそれが極に向かうことについて全くおろかな究理をしている。ごく最近，ありふれた哲学者ではないバプチスタ・ポルタ〔1536～1605〕は，その著『自然の魔法』の第７巻をば，慈石の不思議さの保管者・普及者に仕立てているが，かれは磁気の運動についてわずかのことしか知っていないし，見たこともない。その力についてかれが注目していることは，かれがヴェネチアの人マエストロ・パオロ師から学んだことか，さもなければかれ自身の祈祷から引き出したことが明示されており，十分満足のいくように見出されたものでも観察されたものでもなく，全くまちがった実験でいっぱいである。そのことは適当な箇所で明らかにするであろう。それでもなお，かれは（他の多くの場合には十分な成功を収めたし，なかなか立派な結果をだしたように）かくも偉大な問題を探究しようと試み，さらに研究をすすめるための機会を与えてくれたのだから，かれは高く賞讃するに値すると私は思うのである。

これら前時代の哲学する人々はすべて，少数のあいまいで信用するに足らない実験をもとにして引力について究理し，隠された事物の原因をもとにしてその議論をひき出したりしている。そしてそれらの人々はさらに，天のある方角に磁気の向かう原因を求め，極とか星とか星座とか山に，あるいは岩や空間や，原子（アトム）や天のかなたの磁針を引っぱる点や磁針を回転させる点や，その他同じように証明されていない奇説に磁気の向かう原因を求めていたりするが，それらの人々はすべての視界においてまちがっており，やみくもにほっつき歩いているのである。

しかし筆者は，これらの誤りやそれらの無力な推論を議論によって転覆しようとはしなかった。また，慈石に関するその他たくさんのおとぎ話も詐欺師や寓話作者の作った迷信もひっくりかえそうとしなかった。そういう慈石に関するおとぎ話や迷信としては，たとえば次のようなものがある。——

〔5. 慈石に関するデタラメな話と迷信の数々〕

フランシスカス・リュースは，〈慈石の働きは悪者の詐欺によるのでないか〉と疑っている。また，〈ねむっていて気づかない女の頭の下に慈石をおいておくと，もし彼女が姦婦であるなら慈石は彼女をベッドから追い払う〉という話もある。また，慈石はその香気と光沢とによって盗みに役立つもので，いわば〈盗みを助けるために生じた石である〉という話。セラピオが狂人じみて書いているところによると，〈慈石はしんばり棒やカギを開く〉という話もある。また，「慈石によって持ち上げられた鉄を慈石ごと天びんの皿の中におくと，あたかもこの石の力によって鉄の重さが吸収されてしまったかの如くに，慈石の重さには何も加わらない」という話。

セラピオやかのムーア人が伝えるところによると，〈インドの海には慈石のたくさんある岩があって，それはその岩に向かう船の釘をことごとく抜きさり，その航海を頓挫させる〉というが，オラウス・マグヌスもこの種の話を書き忘れることなく，つぎのようにいっている。——〈北の方には非常に大きな引力をもった山々があるので，船がその磁気を帯びた険しい岩山の間を通過するとき鉄の釘が船材から抜きとられてしまわないように，船は木の釘でこしらえられている〉というのである。

それだけではない。〈白色の慈石は愛の薬として役立てられるかもしれない〉という話もある。ハリ・アバスが無思慮にも報じているところによると，〈慈石を手にもっていれば痛風と痙攣（けいれん）がなおる〉という。また，〈慈石は人を殿様がたのお気に入りにしたり，ピクトリオが歌っているところによると雄弁にする〉という。アルベルトス・マグヌス〔1193頃～1280〕が教えているところによると，〈二種類の慈石があって，一方は北をさし，他方は南をさす〉という話もある。〈鉄は，ヒマワリのような植物が太陽にしたがうように，北極星によって分け与えられた影響によって北の星に向けられる〉という話，占星術師のルカス・ガウリウスの述べるところによると，〈オオクマ座の尾の下にはマグネスの石がおかれているのだ〉という話もある。

ガウリクスはまた，カードニクス〔赤シマメノウ〕とシマメノウのように，慈石を土星に割りあて，また同時に，慈石を金剛石，碧玉〔ジャスパー〕やルビーとともに火星にも割りあて，〈慈石は二つの惑星によって支配される〉としている。ガウリクスによるとさらに，〈慈石はオトメ座宮にも属する〉という。それでかれは，そのような愚かな恥ずべきたくさんの作品を数学的な博識のベールで覆いかくしている。〈月の表面が北側を向いているとき慈石にクマのイメージが彫られるのと同じく，慈石は鉄の針金によって吊るされたとき，天のクマ座の影響をうけるのであろう〉と，ガウデンチウス・メルラはいっている。

また，フィチヌスは，〈慈石が鉄を引っぱってそれを北に向けるのは，クマ座では慈石の方が鉄より階級が上であるからだ〉と書いており，メルラはそれを繰り返している。さらにまた，〈慈石は日中は鉄を引きつける力をもっているが，夜になるとその力は弱くなったりなくなったりする〉という話もある。また，ルエルリウスが書いているところによると，〈慈石の力が弱まったときには山羊の血を注ぐとその力が新たにされる〉という。〈山羊の血はダイアモンドののろいから慈石を解きはなつので，慈石を山羊の血の中に浸すとダイアモンドの間にある不和のために慈石に失われた力がよみがえるのだ〉という話もある。また，アルナルドゥス・デ・ヴィラノーバが夢見ているところによると，〈慈石は女から魔力をぬきとり，悪魔を敗走させる〉という。そしてまた，無価値なことのコーラス・リーダーであるマルボデウス・ガルルスの教えるところによると，〈慈石には夫と妻を和解させ，花嫁をその夫のもとによびもどす働きがある〉という。また，ケリウス・カルカニヌスの物語によると，〈未熟な魚の塩の中に漬け込まれた慈石の中には，深い井戸の中に落ちてしまった金（きん）をひろいあげる力がある〉という。

〔6．古い学者たちと新しい学問の芽生え〕

このようなむだ話やたわごとでもって，卑しい哲学者たちは自らをたのしませ，また隠された事物に貪欲な読者たちや，学問のないばかげたことに好奇心をもやす人々を満足させているのである。けれども，磁気の本性がこれから展開される論述によって明るみに出され，我々の労力と実験とによって完全にされたのちには，このように大きな効果の隠された難解な原因も，きっと証明ずみで展示され，証拠付きで証明されていることであろう。そして，それとともにあらゆる暗がりは消え失せ，あらゆる誤りは根こそぎ引き裂かれ，顧みられなくなるであろう。そして，すでに築かれた広大な磁気の哲学の基盤が改めて現われ，その結果すぐれた知識人はもはやばかげた意見によって欺かれることはなくなるであろう。

長い船旅の間に磁気偏角の変化を観察した学識ある人々がいる。かのもっとも学究的なトーマス・ハリオット／ロバート・ヒューズ／エドワード・ライト／アブラハム・ケンドールといった人々で，すべてイギリス人である。その他，船乗りや遠距離に旅行する人々になくてはならない磁気器具や観察に適当な方法を作ったり工夫したりした人々がある。『方位針（つまり磁針）の偏角』と題した小冊子を書いたウィリアム・バラー，その『補足』を書いたウィリアム・バーロウ，『新しい引力』を書いたロバート・ノーマンといった人々である。はじめて磁針の伏角を発見したのは，熟練した船乗りですぐれた考案家であるこのロバート・ノーマンである。

この他多くの人々を私はわざととりあげなかった。近世のフランス人，ドイツ人，スペイン人たちは，大部分かれらの国の言葉で書かれた本の中で，他の人たちの好意を利用し，狡猾な商人たちが古い品物に俗悪な飾りつけをするように，その本を新しい表題と文章とでみがきたてて世に送りだしていたり，とりあげる価値さえないものを提供している。それらの人々は他の著者たちから盗んだ著述の上に手を触れて祝福し，だれかを自分のパトロンとして誘ったり，経験のない人や若者たちの間で自分の名をあげようと狩りに出かけている。それらの人々はあらゆる分野の学問でまちがいを後世に伝えたり，ときにはかれら自身のまちがいをつけ加えているのである。

第1部　第3章

慈石は，
その自然の能力のきわだっている部分，
すなわちその性質の顕著な極〔polos〕を有する

この石は多くの性質を示すが，それらの性質は，今までにも知られていたとはいえ，あまりよく研究されてこなかった。そこで，はじめに簡単にこの石の性質を指摘しておくべきであろう。そうすれば，人々は鉄や慈石の力を理解できるし，最初から推論や証明法を知らないための苦労をしなくてすむというものである。

〔1．二つの磁極と地球のモデルの製作〕

天文学者たちは，動く天球〔天動説では地球をとりまく天球がいく重にもあってそれらが動くとされていた〕の一つ一つに一対の極というものを定めている。それと同時に大地の球にも，〈その日周運動に関して，その位置が変わらないという性質をもった自然の極〉を見出すことができる。その一つの極はクマ座の〔北斗〕七星の方に向かっており，もう一方はそれとは反対方向の天に向かっている。それと同様，慈石も自然に北極と南極の二つの極をもっている。その極の位置は石のなかの一定のきまった点にあって，いろいろな運動や現象の第一の原因になっており，またその点が多くの作用や力を制限したり調節したりしているのである。けれども，この石の力はある数学的な一つの点から発散しているのではなく，その石の多くの部分から発散しているのである。そのような部分は，この石の全体にわたっているが，それがその石の極に近ければ近いほど，強い力を得るようになり，したがって他の物体に注ぐ力も大きくなるのである。そして，慈石のそれらの極（磁極）は，大地の極から目をはなさず，地球の極の方に向かってそれに仕える のである。

磁極には，〈精力的・強力なもの（そのことを古代の人たちは「雄々しい」というのがふつうであった）とか，弱々しくて女性的なものとか〉のちがいはあるが，どんな慈石にも見出すことができる。その形が人工的なものか偶然的なものかにかかわらず，またその形が長いか平たいか，四角★か，三角か，みがかれているかどうかによらず，さらに，粗製で，割れていて，みがかれていなくても，慈石はいつもその極をもち，その極の働きを示すのである。

〔球形磁石――テレラ Terrella とその製作〕

ところで，球状の形というものは，もっと完全な形であるし，球体である大地の形ともっとも相性がよくて，使用するのにも実験にももっとも適当である。そこで私たちは，慈石の主なデモンストレーションを，〈その目的に適合したより完全な球形磁石で行いたい〉と思う。そこで，割れ目がなく，堅くて，均質で，手頃な大きさで，角張った強力な磁石を手にとり，それで球を作る。その細工をするのはかなりむずかしいから，その石の材質や堅さに応じて，水晶その他の石をまるくするのに用いるろくろやその他の道具を使って球にするのである。このようにして準備された石は大地の子ども，本当に同質の子どもであって，大地と同じ形をしている。――すなわちそれは，自然がわが共通の母なる大地に最初から与えたもうた球の形を人工的にもっているのであって，それは多くの徳性〔virtus，力，性質〕を吹きこまれている一つの自然に関するモデル〔physicum corpusculum，この corpusculum は英語の corpuscle に当たり，ふつう微粒子，小体と訳されるが，意味の上からいって大胆にモデルと訳してみた〕なのである。これを用いることによって，これまで哀れ暗闇に埋められていた哲学上のたくさんの真理，これまで難解で顧みられなかった真理が，もっと容易に人々に知られるようになるかも知れないのである。このまるい石のことを，私たちは小地球（テレラ）〔ギリシア語で *μικρσγη*，ラテン語で Terrella〕とよぶことにしている。

〔磁極の発見法〕

そこで，大地の極に相通ずる磁極を見出すには，このまるい石を手にとって，その石の上に鉄の針か鉄線をのせればよい。そうすると，その鉄の両端はその鉄自身のまんなかを中心にして回転し，すぐに止まるであろう。そこで，オーカー〔黄褐色絵の具〕またはチョーク〔白墨〕でもって，針金がその石の上に横たわっているところにしるしをつける。それで，その針金の中程つまり中心を（その針金の向いている方向の）他の場所に動かし，次々と第３，第４の場所に動かしていき，毎回針金が横たわっているその線の向きに沿って石の上に線のしるしをつけるのである。すると，それらの線はその石つまり小地球の上に，子午線円すなわち子午線のような円の方向を示すことになる。そこで，それらの円（線）はすべてその石の極のところで交わることが明らかになるであろう。

こうしていくつかの円を続けて描くことによって，磁極の北の極も南の極も見つけることができる。また，それら子午線の間の中央の場所に赤道に当たる一つの大円を引くこともできるであろう。それは，天文学者が天空や地球の上に，また地理学者が大地の球の上に子午線や赤道を描くのと全く同じである。小地球の上にこうして引かれた線は，私たちが磁気的な実験やデモンストレーションをするに際していろいろ役立つものである。

〔2．回転針による磁極の確認〕

まるい石の上の磁極は，回転針（ベルソリウム）つまり〈鉄片を慈石にこすりつけて，それを次ページの図のように脚の上にしっかりと固定された針または点の上にのせて自由に回転することができるようにしたもの〉を用いても見つけることができる。

〔回転針（versorium）の製作とその利用〕

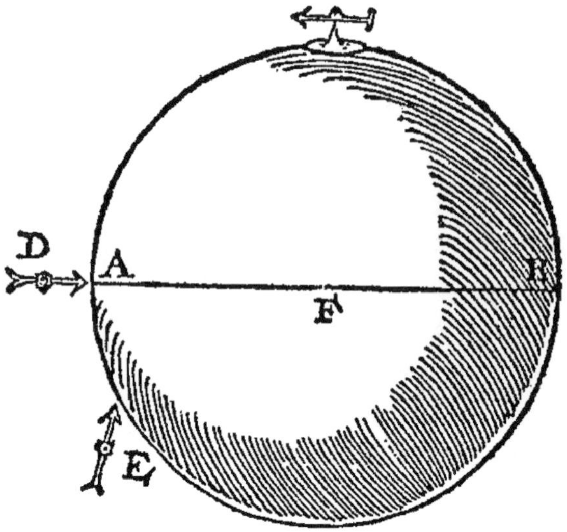

この図では，まるい慈石ABの上に回転針がつりあいを保つような仕方でおかれている。みなさんは針が動かなくなったときの針の道筋をチョークでしるしをつける。この道具を他の点に動かして，さらにその方向と向きとを記録する。同じことをいくつかの場所でやると，その方向を示す線の集合からして，あなたは一つの極が点Aにあり，他の極が点Bにあるのを見出せるであろう。

石の上でなく近くに回転針をおいたとき，それがその石をまっすぐに見てその極をじかに求めるかのように石の中心を通る直線上にならぶときには，その石の真の極を指さしているのである。たとえば，図においてDの回転針はAとFの方を向いていて，これがその石の極と中心になっているのだが，Eにある回転針は極Aや中心Fの方を正しく向いていない。

★　大麦の粒ほどの長さの短くて細い鉄線〔ホッチキスの小さな針（ステー

プル）を指先でのばしたものでやるとうまくできる〕を石の上において，その石の表面上を動かすと，石に直角に立ってしまうところがある。針金はN極，S極によらず，その磁極のところではまっすぐ立つからである。そして磁極からはなれればはなれるほど，針金はななめに傾くのである。こうして磁極を見出したら，そこに鋭いやすりか木工ぎりでもってしるしをつければよいのである。

z

第1部　第5章

慈石は，
他の慈石と自然な位置関係にあるときには
それを引っぱるが，逆の位置関係にあるとき
にはそれをしりぞけ，自然の位置にもどす

なによりもまず，筆者はこの石の外見上のありふれた力について，親しみやすい言葉で明らかにしておかなければならない。そしてそのあとで，たくさんの微妙なことや，これまで難解とされて知られず，あいまいなままに隠されていたことを明るみに出し（自然の秘密の錠をあけることによって）これらすべての原因を適切な言葉と道具によって明らかにすべきであろう。

〔1．慈石同士の吸引と反発の実験〕

〔異極同士は引っぱりあう〕

いい古されたきまり文句であるが，慈石は鉄を引く。また，同じく慈石は他の磁石をも引きつける。強い磁極をもった石をとって，それにN極とS極のしるしをつけ，容器に入れて水に浮かす。そして，その両極を水平面に平行にそろえるなり，少なくともそれからあまりはなれないようにする。それから，もう一つの，磁極の位置を確認してある石を手にもって，そのS極を水に浮かんでいる石のN極に向かうようにして，横から近づけてやる：そうすると，水に浮いている石は（もしそれがその力のなわばりのなかにあればの話だが）もう一つの石の方にしたがってくる。そして慈石を持っている手をひっこめたりして二つがくっついて

しまわないように用心しないと，浮いている慈石は手に持っている慈石にくっついてしまうまで，その動きをとめることはないであろう。同様にして，みなさんが手に持っている石のN極を水に浮かんでいる石のS極に向けておくと，慈石は互いに突進しあって相互についてまわるであろう。反対の極は互いに誘うからである。

〔同極同士は反発しあう〕

けれども，みなさんが同じようにしてN極にN極を近づけ，S極にS極を近づけたなら，一方の石は他の石を敗走させるであろう。そして，その石はまるで水先案内人が舵を引っぱっているかのようにわきを向き，ちょうど海を航行する人のように反対方向に帆を増して走るであろう。そして，もう一方の石が追跡していれば，どこにも立ちどまったり休止したりしないであろう。

石は石を配列させる働きをするのである。一方の石が他の石を回転させ，それをならべかえ，自分自身と調和するように引きもどすのである。けれども，二つの石がいっしょになり，自然の秩序にしたがって合体したときには，二つの石は相互にしっかりとくっついてしまう。

たとえば，もしあなたが手にもっている石のN極を，水に浮いている丸い磁石の南回帰線の前（丸い石すなわち小地球の上には，地球儀上にしるしをつけるのと同じような数学的な円を描いておくとよい）または赤道とＳ極の間の任意の点の前においたら，水に浮いている方の石はすぐに回転し，そのＳ極がもう一つの石のN極に触れるように位置をかえ，それと親密な同盟を形成するであろう。さらに，同じようにして赤道の他の側に反対の極を近づけても，同様な結果を生ずるであろう。このような技術と巧妙な工夫とによって，私たちは吸引と反発とそれから調和の位置を得るためと敵対する遭遇に応じないための円運動とを示すことができるのである。

〔2．慈石を分割すると磁極は？〕

ところで，私たちはこうしてこれらすべてのことを証明することができるその力でもって，「一個の石の同じ部分が分割によってどのようにしてN極やS極になるか」ということも示すことができる。図においてａｄは横長の石であるとして，そのａがN極側，ｄがS極側とする。この石を切って二つの部分に分け，ａ側の部分を水の上に浮くように容器にいれる。すると皆さんは，ａのN極側の点が前と同じように南に向かい，同様に点ｄは石が分割されたときでも石全体のときと同じく北の方へ動く*ことを認めるであろう。

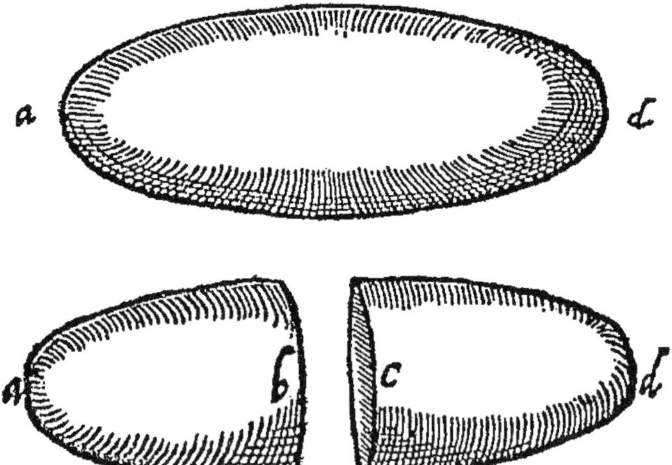

ところが，ｂとｃの部分，すなわち〈以前はつながっていたが，今は分割されている部分〉のうち，一方のｂはS極，もう一方のｃはN極になっている。ｂは，ｃと結合してもとの連続状態に戻ろうと欲してｃを引くのである。今は二つの石になっているものも，一つのものから分れ

てできたものだからである。そして，そのため，一方の石のｃは他方の石のｂの方に向かって相互に引きあう。そこで，水の表面に浮かすなどしてそれ自身の重さを除去し障害物をとりのぞいてやると，二つは走り寄ってくっついてしまうであろう。

〔＊訳者注――ここでギルバートの用いているN極，S極という言葉の使い方は今日のものと逆になっているから注意のこと。今日では地球の北極に向かう磁極（指北極）をN極とよんでいるが，ギルバートは「地磁気のN極に引っ張られるのはS極だ」というかれ自身の発見した磁気学的な原則にしたがって，北をさす磁極をS極とよび，南をさす方をN極とよんでいるのである〕

けれども，あなたがａの部分（または点）をもう一方の石のｃに向き合わせたら，一方は他方を反発し，退けるであろう。それは，いわば自然が異常にされたためで，石の形相がかきみだされたためである。形相はそれが物体に課した法則を厳密に守るのである。そこで，すべてのものは自然にしたがって正しく並べられないときには，他のもののよこしまな位置や不調和からの脱出が生ずるのである。というのは，自然は正義にもとる不公平な平和や妥協を許さず，物体を正しく公平に黙従させるために戦い，力を行使するものだからである。それゆえ，これらの石は正しく配置されると互いに引きつけあう。すなわち，二つの石は強力なものも力の弱いものも一緒になり，それらすべての力を合わせて合体しようとするのである。

この事実はあらゆる慈石に見られることであって，プリニウスが考えているように〈エチオピア産の慈石だけに見られること〉ではない。エチオピア産の慈石は，それが強力なものであれば，中国から輸入されたものと同じく（すべての強いものはより速くよりはっきりと現象を示すから），極に近い部分ほど強く引きつけるので，ぐるっと回って，最後には磁極が磁極と向きあうようになる。一つの石の磁極は他の部分よりもねばり強く他の石のそれに対応する部分（そこのことをふつう反対の部分という）を引っぱり，他の部分よりも急速にそれをつかまえる。たとえば，N極はS極を引っぱるのである。だからこそ磁極はより多くの激しさでもって鉄を呼び出し，鉄も磁極のところによりしっかりとくっつくのである。これは，それまでにその鉄が慈石にくっついて磁化されているかどうかということにはよらないことである。

このように，「磁極に近いところほどより強く引っぱる」というように自然によって定められているのは根拠のないことではない。極自身は至上のすばらしい力の座，いわば王座であって，そこには磁性のある物体がもっとも強く引っぱられ，そこから引きはなすことは極度に困難であるような場所として自然によって定められたのである。磁極というのは，性質を異にするよそものが自分の近くによこしまにおかれると，それをとくに強くはねつけて押しだす部分なのである。

第2部　第2章

磁気的な接合について。それに先立ってまずコハクの吸引について，すなわち，より正確にいえばコハクに物体が吸いつくことについて

〔1．慈石とコハク〕

〔慈石とコハクの神秘性〕

慈石ならびにコハク（琥珀）の名は，学者たちによってしばしば言及されてきたので，広く知られている。哲学者たちは秘密を解き明かそうとするとき，推理を進めることができなくなると，慈石の名を，さらにはコハクの名を挙げることが少なくなかった。また，好奇心に富んだ神学者たちは「人間の感覚をこえた神聖なる秘密が存在する」ということを，慈石とコハクとによって明らかにしようとしてきた。さらに，むなしい形而上学者たちは，無用の空想をくみたててそれを講義するとき，慈石があたかもデルフォイの神剣のごとく，いつどんなものにでも適用できる証拠になりうるかのごとく講義してきた。

ところで，医学者たちさえ（ガレノスの権威にしたがって）「下剤の働きは物質の類似性と体液の親密性とによる」という（まったく無用・無益なまちがった）信念をたしかめようとして，慈石をひきあいにだし，〈自然には偉大な権威といちじるしい効顕とをもったおどろくべき物体がある証拠〉としている。このように，非常に多くの場合に，人々はある原因を弁論していてその理由を解明できなくなると，慈石とコハクとをもちだして，これがその証人になるかのごとくしてきたのである。

〔磁気力とコハクの力とは異種のものである〕

ところで，これらの人々は（ありふれた誤りをしているということのほかに）「磁気的運動の原因はコハクの力とは大きくちがうものだ」ということも知らないでいる。そこでかれらは簡単にまちがいにおちいり，さらにかれら自身の想像によって自ら欺かれてしまっている。というのは，慈石以外の物体の場合には，ものを引きよせるいちじるしい力は，慈石の場合とはちがったやり方で現われるからである。それはコハクの場合と似ているのである。そこで，はじめにコハクに関して，「コハクはどのようにして物体を吸いつけるか」とか，「それはいかに磁気的な作用と異質なものであるか」といったことについて述べておかなければならない。その性向は一種の〈引き寄せ〉であるとして，それを磁気的な接合になぞらえているような人々は，まだ上のことを知らないでいるからである。

〔コハクの呼び名の歴史〕

ギリシア人はコハクのことを「エレクトロン（ἤλεκτρον）」とよんでいる。コハクは摩擦されてあたためられると，ムギワラを引きよせる。そこでコハクは「アルパス（ἅρπαξ）」とよばれ，またその色が金色であることから「クルソフォロン（χρυσοφόρον）」ともよばれている。しかし，ムーア人は神々を礼拝するときや神にいけにえをささげるときにコハクを供えるならわしがあったので，それを Carabe と呼んでいる。Carabe という言葉はアラビア語で「供える」という意味があるからである。それで Carabe とされたのか，または（スカリゲルがアボハリスから引用しているところによると），この Carabe はアラビア語かペルシャ語の，切りわらを「つかまえる」という言葉に由来するのである。またある人たちはそれをアンバー〔amber，今日の英語では，ふつうコハクのことをアンバーという〕と呼んでいる。とくにインドのアンバーとエチオピアのアンバーは，まるで分泌物のようにみえるので，ラテン語で Succinum〔＝Sucinum，sucidus は液のある，湿っぽいの意である〕と呼ばれている。

スダウィ人またはスディニ人は，これが地上で生成されたものであるように思われることから，コハクのことをジェニター〔geniter，創られたもの〕とよんでいる。

〔コハクの起源〕

コハクの性質やコハクの起源に関する古代の人たちのまちがいはすでに論破されており，コハクが大部分海から生じたものであることはたしかである。それで田舎の人々は，はげしいあらしのあとなどに，網やその他の道具をつかってコハクを海岸でひろい集めているのである。プロシャのスディニ人の間では，そういうことが行なわれているが，わがイギリスの海岸でもときどき同じようなことが行なわれている。けれどもコハクはまた，ビチューメン（瀝青）と同じように土壌の中のいくらか深いところに産するようにも思われる。それが海の波によって洗い出されてきて，海水の塩性とその本性とによってさらに堅く固められるのである。コハクは，はじめは軟かい樹脂状の物質であった。そのため，コハクはそのかたまりの中にハエや地虫・蚊・アリなどをとりこみ埋葬して，永遠の墓のように輝いて見えることがある。それらの虫は，コハクがはじめ液体状態で流れだしたときに，その中に飛び込んだか忍び込んだか落ちたかしたものである。

〔2．コハクとそれ以外のものの，ものを引きつける力〕

〔コハクや黒玉と哲学者たちの態度〕

古代の人たちも最近の著者たちも（これは今も経験でたしかめられることであるが），「コハクはムギワラやモミガラを引きつける」ということを教えてくれる。同じことはまた，イギリスやドイツその他の多くの国々の大地の中から掘り出される黒玉（まっ黒な石炭）――黒いビチューメン（瀝青）が堅く固まってそれが石に変わったもの――でも見られることである。

近ごろの権威者たちの中には，「コハクや黒玉がモミガラを引きつける」ということや，その他一般には知られていない物質について書き記している人たちも少なくなく，そのことについて他人の本からひき写している人たちと合わせるとたいへんな数に上る。そこで，それらの人々の労作で本屋の店頭がいっぱいになっているほどである。私たちの時代にも，〈神秘的で難解な隠された原因や不思議に関するたくさんの本〉が生産されており，どの本を見てもコハクや黒玉がモミガラを誘い寄せることが明らかにされている。しかし，それらの著者たちはこの問題を言葉の上で扱っているだけで，実験から何らかの理由や証明を見出してはいない。それでかれらの陳述は，いかにも〈内密の，驚くべき難解で，秘密で，オカルト的なやり方〉で，事物を深い霧の中にかくすようなものでしかない。

そんなわけで，そのような哲学はいかなる成果も生み出すものではない。自分自身でいかなる探究もせず，いかなる実際的な経験によっても支持されていない非常に多くの哲学者たちは，怠惰で，やる気がなく，かれらの書いたものによっていかなる進歩ももたらさないからである。それでかれらは，かれらの理論にどんな光を当てることができるか知れたものではない。かれらの哲学は，単にいくらかのギリシア語や見なれない言葉の使用にもとづいているにすぎない。それはちょうど，今日のおしゃべりたちや床屋〔外科医を兼ねる〕たちが無知な大衆に対し，自分に学問のある印（しるし）としてわずかばかりのラテン語を見せびらかし，大衆的な評判をさらおうとするのと同様である。

〔コハクや黒玉以外のものも小さなものを吸いつける〕

というのは，小さなものを誘惑するのは，（かれらが思っているように）コハクと黒玉だけではなくて，ダイアモンド／サファイア／紅玉／虹宝石／オパール〔蛋白石〕，アメジスト〔紫水晶〕／ビンセント石／ブリストル石〔イギリス宝石，ヘゲ石（スパー）〕／緑柱石（エメラルド）や水晶だって同じだからである。同様な引きよせる力は，（とくに清浄にされて光っているときの）ガラスにもあると思われるし，さらに，ガラスや水晶で作られたまがいものの宝石にも，アンチモニー入りのガラスにも，鉱山から掘り出される多くの種類のへげ石〔へき開のある石〕に，箭石類の化石にもあると思われる。

硫黄もまた，ものを〔軽いものを〕引きよせるし，乳香樹脂やいろいろな色からなるラック〔ワニスの原料〕から合成された固い封蝋もそうである。堅めの松やにも，雄黄〔$As_2 S_3$〕もものを誘惑するが，少し弱い。空気が適当に乾燥しているときには，岩塩やモスクワ石〔白雲母〕や明ばん石も，あまり明瞭ではないが，ものを引きよせるのである。

この現象は，真冬に空気が冷たく澄んでいて希薄なとき，大地からの発散物がコハク性発散物〔electrica，コハクを意味するギリシア語エレクトロンをもとにギルバートが作った言葉。英語の Electricity の原語で，以下では〈コハク性（物質，発散物）〉と訳す〕をさまたげることが少なく，コハク性物質がよりしっかりとかためられるときに見られるのである。そのことは，これから述べる現象についても同様である。

〔コハク性物質はあらゆるものを引っぱる〕

★　これらの物質は，あらゆるもの——ムギワラやモミガラだけでなく，あらゆる金属／木材／木の葉／石／土，さらには水や油さえも引きよせる。つまり，私たちの感覚の対象となりうるもの，形のあるものならなんでも引きよせるのである。ある人は「コハクはモミガラやいくつかの小枝以外のものは何も引きつけない」と書いているけれども（このためアレクサンダー・アフロディセウスは「コハクは乾燥したモミガラだけを引きつけて，メボウキの葉は引きつけないから，コハクの問題は説明しえない」とまちがって述べている），それは全くのまちがいで，その筆者たちにとってみれば不名誉な話である。

〔電気の検出のための回転針の製作〕

ところで，「そのような吸引力はどのようにして働くのか」ということをみなさん自身ではっきりとたしかめるためには，好みの金属を使って自分で〈指幅３～４本位の長さの回転針〉を作るとよい。（たとえその物体が他の物体の方に引きつけられても，その力が弱ければ上に持ちあげられることはないけれども回転させられることはずっとたやすいことだから，回転針でたしかめるようにするのである）回転針を作るには，その針を磁針のときと同じようにとがった点にそっとのせればよいのである。その一端に，軽く摩擦したコハクか〈なめらかにみがかれた宝石〉を近づけると，回転針はただちに向きをかえるであろう。

これによって，自然によって生じたものも，人間の技術によってととのえられ，とけ合わされ，まぜ合わされたものも，どちらのものもたいていのものは他のものを吸引することがわかる。これは（ふつうに考えられているように）一つや二つのものだけに固有な，ものめずらしい性質ではなくて，非常に多くのものがもっているじつに一般的な性質なのである。単純な物質で，ただそれ自身の形をもっているものであっても，密閉用のワックスやその他油質の原料で作られた混合物のように複合したものであっても，いずれもそのような性質をもっているのである。

〔3．電気的な引力の原因についてのこれまでの諸説の批判〕

しかしながら，私たちは「そのような性向はどこから生ずるのか，またその力はどんなものか」ということについて，さらに十分に探究しなければならない。これらのことについては，少数の人たちがごく少しのことを公けにしているだけで，大多数の哲学者連中は全く何も明らかにしていないからである。

〔ガレノスによると，吸引力には３種ある〕

ガレノスによると，自然には一般にものを引きつけるものが３種類認められるという。その第１の種類は，物質の基本的な性質つまり熱によって引きつけるものである。第２は，真空が連続することによって他のものを引きこむものの部類である。そして第３は，その物質全体の性質によって引きつけるものの部類であって，これらのものはアヴィケンナその他の人々も引用している。

しかし，これらの種類わけはいずれにせよ私たちを満足させることはできない。それは，コハクや黒玉やダイアモンドその他の物質の（それらがある同一の状態 virtus にあるために発揮する力の）原因や，慈石その他すべての磁性体（それらは，他の源泉から由来するものとは全く異なる，相いれない影響によって，その力を得るのである）の原因を包含していないからである。それゆえ，私たちはこの運動の原因を他に見つけるのが適切である。さもなければ，私たちはそれらの人々といっしょに（暗がりにいるかのように）さまようことになり，決して目的地に達することはないであろう。

〔コハクは熱によってものを引きつけるようになるのではない〕

★　じっさい，〈コハクは熱のためにものを誘うようになるわけではない〉ということはたしかである。コハクは火であたためてわらに近づけても，それを引きつけはしないからである。なまあたたかくても，あつくても，赤熱していても，さらには炎の中に入れられてさえも，火であたためられたコハクはわらを引きつけないのである。

カルダーノは（ピクトリオも同じだが），〈コハクの吸引は吸い玉〔放血用に用いたもの，日本では〈吸いふくべ〉ともいった〕のときとかわることなく，火の力によって生ずる〉と断言している。しかし，吸い玉の吸いつける力も本当は火の力に由来するものではない。ところで，かれは以前，「乾いたものは脂肪質の体液を吸収したいと思う。そこで体液は吸い玉の方に押しやられるのだ」といったことがある。しかし，これらの陳述はたがいに食いちがっていて，その上道理に適しない。もしコハクがその食物の方に動いたか，他の物体の方が（かいばに向かうかのように）コハクの方に向かうかしたのだとすると，満腹にされた方の成長があったのとちょうど同じだけ，むさぼり食われた方の減少があってしかるべきであろう〔が，そういう重さの変化はないのである〕。

それでは，なぜ火の引きつける力がコハクにも求められなければならないのだろうか？　もしもこの吸引が火のために存在するのだとしたら，なぜ他の非常に多くの物体も，火や太陽や摩擦によってあたためられたなら，ものを引っぱらないのだろうか?

〔コハクは真空の力でものを吸いよせるのではない〕

また，この吸引は，それが空気中で生ずるとき空気が消散するために生ずるわけでもありえない（ルクレチウスの詩は磁気的運動の理由としてこのことをあげているのだが）。また，吸い玉〔吸いふくべ〕の場合でも，熱や火が空気に食物を与えることによってものを引きつけるわけではない。吸い玉の中の空気は炎となって消費させられる。そこで，それが再び凝縮して狭い場所に押しこめられるときに，真空の生ずるのを避けるため皮膚と肉とを上昇させるのである。

外気の中では，あたたかいものは，金属や石〔慈石〕でさえもそれが★ 火で強く白熱しているなら，ものを引っぱることはできないのである。赤熱している鉄の棒や炎やろうそくや，さかんに燃えているたいまつや，燃えている石炭は，それらがわらや回転針の近くにもってこられてもそれを引っぱったりはしない：しかしそのとき，それらのものが空気をつぎつぎと呼び入れることは明らかである。それらのものは，ランプが油を消費するのと同じように，空気を消費するからである。ところで，熱に関しては，哲学や薬物の場合（真の引力がまちがってそのせいにされているのであるが）「自然が許容するのとはちがった仕方で引力を及ぼすことが，多くの哲学する人々によってどのように考えられているか」ということについては，他のところ，〈熱と寒の性質は何か〉を決定すべきところでもっとくわしく論ずることにしよう。

それらは物質のごく一般的な属性ないし血族関係であって，真の原因と指定されるべきものではないのである。そこで，もし許されるものならば，私は「これらの哲学する人々は，いくつかのなりひびく言葉を発してはいるが，事物そのものについてはとくに何ものも証明していない」といいたいのである。

〔コハクなどの引力は，
その物質の特異な性質によって生ずるものではない〕

また，コハクのせいだとされているこの吸引は，コハクというこの物質の何か特異な性質や類似関係から生ずるものでもない。もっとくわしい調査によると，同じ効果はとても多くの他の物体に見出すことができるからである。そしてさらに，どんな性質のものであれ，すべての物体はそれらすべての物体によって吸引されるからである。

類似性もこの原因ではない。なぜなら，この大地の球の上の私たちのまわりにあるものはすべて，似ているものも似ていないものも，コハクやこの類の物質から引っぱられるので，そのため，物質の類似性や同一性からはいかなる力強いアナロジーも引き出しえないからである。

ところで，石が石を引き，肉体が肉体を引くように，類似物が相互に引きあうことはないし，磁性体やコハク性物質の仲間以外の何ものかを引くこともない。フラカストリオは次のようにいっている。――

> 「相互に引き合うものは，作用においてか正当な服従のもとにおいてかいずれかにせよ，同じ種類のものか類似物かである。正しい服従とは，それからものを吸引するような蒸発気が放出されるようなもので，混合状態においては形相の欠除（そのため，それらのものはしばしばそれらが潜在的にあるのとはちがって作用する）のためにしばしばかくれたままになっているものである。したがって，毛や小枝がコハクやダイアモンドの方に向かって動くのは，それらが毛で

あるからではなくして，それらの中に空気かその他の精〔principium，作用のもととなる成分〕（その精ははじめは引っぱられるが，それはそれを引っぱるものにある種の関係をもち，類似している）が密閉されているためであるかもしれない。ダイアモンドとコハクとは，相互に共通な一つの精を通して，その精と符合しているのである」

〔実験の重要性〕

もし，その人がたくさんの実験（experimentis）によって，「あらゆる物体は（燃えていて炎となっているものや，うんと希薄になっているものを除けば）コハク性物質（electricis）の方に引っぱられる」ということを観察していたとすれば，だれだってそんなことはかんがえてもみなかったにちがいない。鋭い知性をもった人々にとっては，〈実験と経験からはなれてすべってころんで誤りにおちいる〉ことは容易である。「これらの物質は類似していないが，近い類縁関係にある物質だ」と主張し，そのため「ものはそれと似た他のものに向かって動き，それによってより完全になるのだ」と主張している人たちは大きな誤りにおちいったままでいるのである。

ところで，これらは無分別な見方である。というのは，あらゆるものはどんなコハク性物質にも向かって動くからである。燃えているものや，この地球と宇宙の普遍的なエフルビア〔effluvium 以下，発散物と訳す〕である空気のようにあまりにも希薄にされているものを除けば，である。

植物性の物質は湿り気を吸い込み，その湿り気によってその若枝は元気になり，成長する。ところが，それとの類推からヒッポクラテスはその『人間の本性について』の第１巻の中で，〈下剤をかけたときの病的な体液の一掃は，薬の特殊な力によって生ずる〉とまちがって結論している。この下剤の力とその働きに関しては他の箇所で論ずるであろう。

また吸引力は，他の現象についてもまちがってひきあいにだされている。たとえば，〈水を満たした細口びんを小麦の山の中に埋めておくと，十分栓をしておいても湿気が出てくる〉という現象である。この場合，その湿気はむしろ醱酵している小麦の発散物によって蒸気に変じたのであって，小麦はその解放された蒸気を吸収するのである。また，象牙も湿気を引きつけることはなくて，湿気を蒸気の中に出したり吸収したりするのである。

〔4．ものを引きつける原因の説明〕

さて，かくして非常に多くのものがものを引きつけるといわれるが，その力の説明は他の原因に求められなければならない。

〔ものを引きつけるもの，引きつけないもの〕

★　コハクは，かなり大きなかたまりでよく磨かれているなら，ものをおびきよせるが，小さなかたまりや純度が劣るときは，摩擦しないとものを引きつけないように思われる。ところで，（高価な石やその他の物質のような）非常に多くのコハク性物質は，摩擦されなければまったくものを引きつけない。

★　他方，多くの宝石は，他の物体と同様みがかれているのに，ものをおびきよせないし，摩擦の量によらずその働きがよびおこされることはない。エメラルド／めのう（アゲート）／紅玉髄（カーネリアン）／真珠（パール）／碧玉（ジャスパー）／玉髄／雪花石膏（アラバスター）／斑岩／さんご／大理石類／試金石／火打石（フリント）／血玉髄（ブラッドストーン）／金剛砂（エメリー）は，いかなる力ももち得ないのである。また，骨や象牙やその他，黒檀のようなもっとも堅い木もそうだし，西洋スギ（シダー）／杜松（としょう）／イトスギも然り。金属類／銀／金／真ちゅう／鉄も同じ。慈石もその多くはよくみがかれて輝くようになっているが，同じくいかなる力もうることはない。

ところで他方には，前にもいったように，よくみがかれているものの中には，摩擦されるとその物質の方に多くの物体が傾いてくるような，そういう物質も存在する。このことは，物質のそもそもの起源についてもっとくわしく考察してはじめて理解しうるようになるであろう。

〔水質のものと土質のものとからの物質のなりたち〕

「大地のかたまり，というよりむしろ大地の構造と地殻とは，二重の材料，すなわち〈流動性の湿気のあるものと，もっと堅くて乾いているものとの二種のもの〉が重なりあってできている」ということは，すべての人にとって明白であって，すべての人が認めるところである。この二重の性質（またはもっと簡単な一つのもの）が固まってできたものから，さまざまなものが生じて私たちのまわりに出現するのである。そして，その大部分が，あるときは土の性質から生じ，またあるときは水の性質から生ずるのである。

〔湿気を多く含むものは，ものを引きつける〕

〈主としてその生長源を湿気からうけとっているような物質〉は，それが水質か脂質かによらず，またそれらが比較的簡単に固まることによってその形をとるようになったか，それともそれと同じ材料が長い年月をへて固められたかによらず，もしそれが十分な堅さをもっているならば，それがみがかれたのちに摩擦されるなら，その摩擦による輝きがのこっている間は，どんなものでも（空気中でそれらの物質に向けられるなら，またその重さが重すぎて動きをさまたげない限り），それらの物質に引っぱられて動くようになる。

〔透明な宝石は水から作られたものである〕

コハクは湿気が固められたものだし，黒玉もそうである。透明な宝石は水から作られたものである。ちょうど，水晶のように。水晶は，きれいな水が，必ずしもある人たちがよく判断するように非常な極寒によるのではないが，非常にきびしい霜によって（ときにはそれほどきびしくない寒さによって）固められたものであって，それをこしらえる土壌の性質や体液や樹液が（鉱山でへげ石がつくりだされるようなやり方で），一定の空洞に閉じこめられて固められたものである。すきとおったガラスも，砂とその他湿っぽい樹液に起源する物質を融かし合わせてつくられるのである。

〔土質を多く含むものは，ものを引きつけない〕

ところで，金属のドロス〔冶金のときの浮きかす〕は，金属や石や岩や
★ 木と同じく，むしろ土を多く含んでおり，大量の土とまぜあわされている。それゆえ，それらのものは，ものを引きつけない。また，水晶／雲母／ガラス／その他コハク質のもの（electrica）はすべて，それが焼かれたり燃やされたりすると，ものを引きつけなくなる。それは，それらに最初から存在する湿気が熱によってだめになり，変化させられて吐き出されるからである。それゆえ，〈湿気を主要素として生じてしっかりと固められているもの〉，および〈堅くて緻密な物体の中にへげ石の外見とその目もあやな性質をもっているもの〉はすべて，あらゆるものを，湿気を含んでいるか乾いているかにかかわりなくおびきよせるのである。一方，真の土性物質の性質をおびるものや，それと大同小異のものも，ものを引きつけるようにみえることがあるが，それはまったく異なる理由からで，いわば磁気的にものを引きつけるのである。これについてはのちほど語ることにしよう。

ところで，より多くの水と土とがまじりあっている物質，各元素〔今日の元素と異なることに注意〕の等しい退化によって作り出される物質（そこでは土の磁気力は変形させられ，隠されたままになっている。他方，水を多く含んだ体液は，もっと豊富に供給されている土と結びつくことによって汚されていて，それだけでは固まらずに土性物質とまぜられている）は，決して自らものを引きつけたり，それが接触していないものをその場所から動かすことはできない。このために，金属／大理石／火打石／木／草／肉／その他の非常に多くのものは，磁気的にも電気的にもいかなるものも引きつけたり袖をひいたりしないのである。（ここで，どうかコハク性物質の力はその起源が体液にあるということを思いおこしてほしい）

〔コハク性物質は独特なエフルビアを放出する〕

★ ところで，大部分体液からなりたっていて，自然によってあまりしっかりと固められていないもの（そのため，とくに暖かい季節には摩擦にも

たえられないで融けてしまったりやわらかくなってしまうか，さもなければ磨きえないもの——たとえばピッチ／軟質の樹脂／樟脳／ガルバヌム〔一種のゴム質樹脂〕／アンモニアゴム／ストーラックス〔エゴノキ科の灌木の樹脂〕／アギ〔アギの樹液からとった薬品〕／安息香／アスファルトの如きもの）は，その方に小さな物体が吸いよせられることはない。大部分のコハク性物質（エレクトリックス）は，こすらなければ，その独特なもちまえの蒸発気やエフルビア〔発散物〕を放出しないからである。テルペ
★ンチン〔マツ科の木の含油樹脂〕は液状のときにはものを引きつけないが，それはこすることができないからである。だから，もしそれが固められて乳香樹脂となると，ものを引きつけるのである。

〔5．電気がものを引きよせるわけ〕

ところで，いまやわたしたちは「なぜ小さな物体は，その起源が水に由来する物質の方に向かうのか」「どんな力によって，また（いわば）どんな手でもって，コハク性物質は同類の性質のものを捕えるのか」ということを詳細に理解するようにしなければならない。

〔電気と磁気——質料と形相のちがい〕

これまで，〈この世のあらゆる物体には二つの原因あるいは二つの精があって，物体そのものもそれらから作られるのだ〉とされてきた。質料（materia）と形相（forma）とである。コハク性物質の運動は質料によって強くなるのだが，磁気的な運動は主として形相からである。つまり，それらはたがいに大きくちがっていて，結局似ていないことがわかるのである。一方〔磁気〕はたくさんの力を与えられて気高くされて優勢であるのに対して，他〔電気〕の方は下品で潜在力も少なくて，いわばある障壁内に大部分拘束されているのである。

〔コハク性物質は希薄な流動体を放出する〕

そのため，後者〔コハク性物質〕の力は，ときどきこすり，摩擦して

よびおこしてやって，ついにはそれがいくらか熱をもってエフルビアを
★ 放出し，光沢が出てくるようにしなければならない。その証拠に口からはきだされるか，湿っぽい空気から放たれるかしたすでに消費されている空気は，この力の息を止めてしまうのである。じっさい，一枚の紙や一きれのリンネルかが間にはさまれただけでも，〔電気的な〕運動は生じないのである。

ところが，慈石の場合は，摩擦して熱しなくても，乾燥しているか湿気でみたされているかによらず，空気中でも水中でも，それは磁気的なものを招くし，もっとも堅い物体，木の板やかなり厚い石の板や金属の板が間に入れられても，弱まらないのである。

〔慈石とコハク性物質のちがい〕

★ 慈石は磁性体だけをお気に入りだが，コハク性物質に向かっては，あらゆるものが動く。また，慈石はとても重いものをもちあげることができる。ここに重さ２オンス〔約60g〕の強い慈石があるとすると，それは半オンスかまるまる１オンスのものを引きつけるのである。ところが，コハク性物質はごく軽いものを引きつけるだけである。たとえば，重さ３オンスのコハク片はこすられたとき，わずかに大麦一粒の1/4をもちあげるだけである。

〔コハクを摩擦すると何が生ずるのか〕

ところで，コハクとコハク性物質（electrorium）のこの吸引作用はさらに探究されなければならない。そしてこの特異な質料の感情（affectio）が存在するのだから「なぜコハクはこすられなければならないのか」「こすることによってどんな感情（affectio）がつくりだされるのか」また「それにあらゆるものを捕えさせるのはどんな原因から生ずるのか」といったことが問われてよいであろう。

〔コハク性物質と熱〕

摩擦の結果，コハクはいくらかあたたかくなり，滑らかにもなる。しばしばいっしょに起こらざるをえないような二つの結果が生ずるのであ

る。コハクや黒玉のよく磨かれた大きなかたまりは，摩擦しなくても，強さは劣るが，ものを引きつける。しかし，それを同じくらいあたたか
★ くなるように炎や燃えている石炭にそっと近づけてやると，それはもう小さなものも引きつけなくなる。それは，熱い息を出している燃えあがる物質の本体からでる雲のようなものの中に包みこまれ，それで，大概はコハクの性質とは合わないような異質の物体からの蒸気がそれに突き当たるからである。なおまた，呼びおこされているコハクの精は，よそものの熱では弱くされるのである。だから，コハクは，摩擦と運動だけによって生じた熱，いわばそれ自身の熱，他の物体から送り込まれたのではない熱以外に熱をもってはならないのである。

何にせよ燃えている物質から放出されてきた火成の〔運動起源でない〕
★ 熱は，コハク性物質がそれからその力を得るのに用いられることはありえない。だから，太陽光線からの熱も，その正常な材質をゆるめることによってコハク性物質に順応させることはない。それはむしろ，その力を消散させ消費してしまうからである（影のところではエフルビアがより濃密により急速に濃縮されているから，摩擦された物体は太陽光線にあたっているものの方が影にあるものよりも長くその力を保持しているにもかかわ
★ らずである）。さらに，太陽の光に火とり鏡〔凹面鏡〕をあてることによっておこすことのできる炎熱も，熱したコハクに何ら力（vigor）を授けない。事実それは，コハク性の発散物（electrica effluvia）をすべて消散させ，だめにしてしまうのである。

★ さらに，燃えつつある硫黄やシェラック〔塗料〕から作られた堅い封蝋は，炎を出しているときにはものを引きよせない，摩擦によって生ずる熱は，物体をエフルビアに化するのに，炎はそれを消費してしまうからである。固体のコハク性物質にとっては，それ自身の真のエフルビアに分解することは（生まれつきの活力 vigor のためにいつもエフルビアを出しているようなある種の物質の場合を別とすれば）こすることによるよりほか不可能なのである。

〔6．摩擦によってコハク性物質の何が動かされるのか〕

コハク性物質は，小さなぴんと張った絹とか，ざらざらした毛織物(ウール)のきれはし（できるだけほとんど汚れていないもの）や乾いた手のひらのように，その表面をよごさないで光沢を生じさせるようなものでこする。コハクもまた，他のコハクやダイアモンドやガラスやその他たくさんの物質でこするのである。コハク性物質はこのようにしてとり扱うものである。

コハク性物質がそのようにされるとき，いったい動くものは何なのか？　それは，それ自身の周辺部分に包みこまれている物体それ自身なのか？　それとも，それは私たちには知覚できない何ものかであって，それがその物質から周囲の空気中に流れでていくのか？　これは，プルタルコス〔46頃～120頃〕が考えているのといくらか似ている。プルタルコスは『プラトンの審問』の中で，「コハクの中には燃えることのできる何ものかがある。つまり，呼吸の性質をもった何ものかがあって，コハクの表面をこすると，これがそのくつろいだ孔から放出されていろいろな物体を引きつけるのである」といっているのである。

〔コハク性物質から流出するもの〕

そこで，もしそれが一種の流出であるなら，それが空気をとらえてその空気の運動に物体がしたがうことになるのだろうか。それともそれが直接物体そのものをとらえるのだろうか。しかし，もしコハクが物体そのものを誘惑するのだとしたら，コハクがむきだしで滑らかなときにも，何で摩擦する必要があるのだろうか。それとも，その力は滑らかに磨かれた物体から反射される光から生ずるのではないのか。（というのは，ビンセント石の宝石やダイアモンドや透明なガラスは，それらがざらざらしているときにもものを引きつけるが，それはそれほど力が強くなく速さもおそいからである。表面がざらざらしているものは，その表面にある外部からの湿気を容易にきれいにふきとれないし，その部分でたくさん分解させられるようにこすられることもないから，それほど力もなく速くもないのである）

太陽は，それ自身の光束とその光線（これは自然界でとりわけ重要なものである）とによってこのようにして物体を引きつけることはない。しかし，多くの哲学する人々は，「体液は，それが比較的濃い体液だけであるときには，太陽によって引きよせられる」と考えており，それがより希薄な体液や精や空気に変えられると考えている。そして，こうして流出物の運動によって，それらは上の方の領域に昇っていくか，あるいはその薄められた発散物がより濃密な空気からもちあげられるかするというのである。

〔コハク性物質から出る発散物と空気の運動〕

またそれは，発散物（effluvia）が空気を薄めて，より濃密な空気によって押された物体が空気を希薄化している元の方に入り込むというようにして生ずるのだとも思われない。もしもそれが本当だとしたら，熱い物体や燃えている物体も〔まわりの空気を希薄にするのだから〕他の物体を誘惑するはずであるが，もっとも軽いもみがらも，どんな回転針も炎の方に動くことはないからである。もしもその物体に向かう空気の殺到や流れがあるとすれば，どうしてエンドウ豆大の小さなダイアモンドが，平衡状態に保たれている大きくて長い物体をとらえる（この場合，その棒の端のところの非常に小さい部分のまわりの空気が吸引されるのである）ほどたくさんの空気を，自分自身の方に召し集めることができるのだろうか？　それに，コハク片が平たくて広いときにはとくに，空気がコハクの表面にたまって逆もどりするわけだから，空気は物体と接触する前に止まるなりずっとゆっくり動かなければならないはずである。

〔コハクは長時間ものを吸いつけたままにしておく〕

もしそれが，そのエフルビア〔流動物，発散物〕が希薄なためで，「呼吸するときのように，希薄なエフルビアのかわりにより濃密な蒸気がやってくるからだ」とすれば，物体はむしろそれに近づきはじめてのち，まもなくしてコハク性物質の方に向かって運動したはずであろう。しかし，すでに摩擦されているコハク性物質をすみやかに回転針に近づけると，とりわけすぐに，それは回転針に作用し，近づけば近づくほど強く吸引するのである。

★

ところで，もしそれが，「希薄化したエフルビアが希薄になった媒体を作りだし，そのために物体はそれだけ余分により濃い媒質からより薄められた媒体へとすべり落ちやすくなるからだ」とすれば，それらは横から運ばれたり，下の方に運ばれるかもしれないが，その上にある物体にまで運ばれることはなかったであろう。そして，隣接している物体の吸引と捕捉とは，つかの間だけのものであっただろう。

しかし，黒玉やコハクは，ただ1回摩擦しただけで，強力に長時間にわたって物体を自分の方に引きよせ吸引する。とくに天気のよいときは，1/12時間〔5分間〕も物体を引きつけているほどである。

ところで，コハクの塊がかなり大きくてその表面がみがかれているなら，摩擦しなくても吸引する。

〔7．コハク性発散物——電気エフルビアの特質〕

火打ち石はこすられると，摩擦によって燃える物質を放出し，それが火花と熱に変わる。それゆえ，火を作り出す火打石の濃い発散物は，コハク性発散物とは全くちがっている。コハク性発散物〔エフルビア〕は，その極度の希薄化のために火がつかないし，物を燃やすのに適合してもいないのである。これらの発散物は息の性質をもってはいない。これらの発散物は，放出されるとき何ものも押し進めないし，知覚しうるような抵抗も感触もなく，吐き出されるのである。これらのものは，まわりの空気よりもずっと精妙に極度に希薄化された体液（humor）なのである。それで，これらのエフルビアが出てくるためには，その物体が体液から作られたものでかなりの程度の堅さにかたまっていることを要するのである。

非コハク性物質は分解されて，湿っぽい発散物を放出することはない。それで，それらのものから出る発散物は，大地に共通する普遍的な発散物とまざりあう。それは〔コハク性の発散物のように〕特別な性質をもったのではないのである。

〔コハク性物質の水滴の吸引〕

さて，コハク性物質は物体を吸引するだけでなく，物体を長くとらえ
★ている。それゆえ，「コハクはそれ自身に独特な何ものかを発散していて，それが，いろいろなものを自分のところに引きよせるが，その間にある空気は引きつけない」ということはありそうなことである。じっさい，乾いた表面にのっている球状の水滴についていえば，コハク性物質
★がじかに物体そのもの（水滴）を引きよせていることは明らかである。一塊のコハクをその水滴に適当な距離のところまで近づけると，水滴の一番近い部分を引っぱって，それを円錐形にするからである。さもなくて，もしそれが突進してくる空気のために引っぱられたのだとすると，水滴全体が動いたはずであったろう。

〔〈コハク性物質は空気を吸いよせない〉ということを示す実験〕

〈コハク性物質は空気を吸引しない〉という事実は，次のようにして
★証明することもできる。とても小さいが明るい炎をともすようなうんと細いろうそくをとり，あらかじめ十分よく摩擦してあるコハクまたは黒玉の平たくて面の広い塊をその細いろうそくから２指幅(しふく)以内（または適当な距離）のところにもってくる。このようにして，そのコハクの塊が遠くから物体を引きつけるようにしておいても，それはその炎を少しもかきみださないのである。このとき，もし空気がかきみだされたなら，炎も空気の流れにしたがって動くであろうから，当然炎の乱れも生じたであろうが，そういうことは生じないのである。

〔発散物の働きは，物体が近いほど強い〕

発散物が送り出される限りのところまでコハク性物質はものを引きつ

けるのだが，物体が近づくにつれて，その運動は速められ，それを引きよせる力も強くなる。それは，磁性体の場合やその他あらゆる自然運動の場合と同様である。空気を希薄にしたり追い出すことによって物体が以前空気のあった場所に入りこむわけではないのである。それに，もしコハクがそのようにしてものを引きよせるのだとしたら，それはものを引きよせるだけで，ものをくっつけておくことはないはずである。それは，引きよせた空気そのものをはね返すのと同じく，最初は物体が近づくのをはね返しもしたはずだからである。ところが実際には，粒子はそれがどんなに小さくても，コハクを摩擦してすばやくあてがってやると，それを避けることはないのである。

〔8．コハク性発散物の放出と作用の条件〕

エフルビアは，コハクから発散していて，コハクをこすると外部に射出させられる。〔ところが〕真珠（パール）／紅玉髄（カーネリアン）／めのう／碧玉（ジャスパー）／玉髄／さんご／金属／その他この種のものは，こすられているときでも如何なる現象もおこさない。これらの物質には，熱や摩擦によって発散させられるようなものがないのだろうか。

実をいえば，土の性質を比較的多く混合している比較的きめの粗い物
★ 体からは，発散されるものもきめが粗く，力が弱いのである。だからたいへん多くのコハク性物質の場合でも，もしそれがあまりはげしくこすられると，物体を吸引する力がわずかしか生じないか，全く生じなかったりするのである。この吸引力は，摩擦がおだやかでかつ非常に速いときがいちばんいいのである。そうするともっとも微細な発散物が呼びおこされるからである。この発散物は体液の微妙な拡散によって生ずるのであって，過度の乱暴な激しさから生ずるのではないのである。

〔コハク性発散物の働きと気候〕

とくに油質のものから固められた物質の場合には，大気がたいへん希

薄で，北風（われわれイギリス人の間では東風）が吹いているときには比較的たしかな安定した効果を生ずるが，南風の間や湿っぽい気候のとき★には弱い効果しか生じない。だから，天気のよいときにやっとものを引きつけるようなものは，もやの立ちこめているときには全くものを運動させない。粗野な空気の中では比較的軽い物質は動くのが困難だからでもあるが，またそういうときにはとくに，発散物が息苦しくなって，こすられた物体の表面が空気の疲れきった体液に影響され，発散物がそのそもそもの出発点で止められてしまうからでもある。コハクや黒玉，硫黄の場合には，その表面に湿った空気をそれほど容易に吸収しないし，ずっと豊富に解放されているから。だからその力は諸宝石／水晶／ガラスや，その他湿った息をその表面に集めてだんだん重くなっていくような種類の物質の場合のように急速に抑えられるようなことはないのである。

〔コハクの作用は湿気をきらうが，水を引きつける〕

ところで，「〈コハクは，その表面に水があるとその作用をなくす〉と★いうのに，なぜ水を引きよせるのか」と問う人がいるかもしれない。

これは，そもそものはじまりにおいてそれを抑えるということと，それがすでに放出されているときにそれを消滅させるということとは，明★らかに別のことだからである。これと同じことで，薄くてとてもやわらかい（普通，サーネット織という）絹を摩擦したばかりのコハクの上にすばやくのせてやると物体の吸引をさまたげるようになるが，その絹がコハクと物体の間の空間にさしはさまれているだけなら，それは物体の吸引を全くさまたげない。使い果たした空気中の湿気や人の口からはき出される息は，コハクの上にのせた水と同じようにその力をすぐに消滅させる。

〔油とブドウ酒の精〕

★ところで，軽くて純粋な油は，コハク性物質の作用を妨げない。コハクは油に浸した温かい指でこすられても，なおかつものを引きつけるの

★ である。けれども，コハクはこすってのち〈生命の水〔aqua vitae〕つまりブドウ酒の精〉で湿らせると，ものを引きつけなくなる。それは油より重く，濃密であって，油の上に注ぐとその下に沈むからである。油は軽くて希薄なので，大部分のデリケートな発散物に抵抗しないのである。それゆえ，体液または水性の液を固めてできた物体から生ずる息は，物体をとらえそれを吸引するのである。とらえられる物体は，引きつけている物体と一つにされる。そして，物体はその発散物に固有な行動半径内にある他の物体の近くに横たわって，二つのものから一つのものを作ることになる。結びついてそれらのものが一つになり，親密に融和するようになると，一般にそれを吸着（attractio）とよぶのである。この合一は，ピタゴラスの意見によると，あらゆる事物の原理（principium）であって，それへの参加を通じてそれぞれのものは一つであるといわれるのである。

〔9．物体の結合のモデル〕

〔物体の作用はすべて接触による〕

接触によるほかには，いかなる作用も物質によって生ずることはありえない。だから，これらのコハク性物質そのものが接触するかわりに，当然のこととしてある種のものが一方から他方へ送られなければならない。そのあるものがじかに接触して，それがそそのかしのはじまりとなるのである。

〔湿り気による結合〕

すべての物体は湿り気によって一つのものにされている。あるやり方で，いわばたがいに密着されているのである。だから，ぬれている物体は，それが他の物体に接触すると，もしその物体が小さければそれを吸着する。水の表面に浮いてぬれている物体は，そのようにして他のぬれている物体を吸着するのである。

〔コハク性発散物と空気の働き〕

ところで，散らばっている体液のもっとも精妙な原料であるところの独特なコハク性発散物は，微粒子をおびきよせる。

空気（大地の共通の発散物）は，切り離されている部分を結合するが，それのみでなく，大地は介在する空気を用いることによって物体を自らのところに呼びもどす。さもなければ，高い場所にある物体が大地に向かってそんなに熱烈に進むことはないであろう〔ギルバートは，物体の落下現象を空気の働きによるものと考えているのである。——訳者注〕。

コハク性発散物は空気とは大きく異なっている。それで，空気が大地の発散物であるように，コハク性物質もそれ自身の発散物と財産とをもっており，その各々はその独特な発散物のために結合に向かうおどろくべき傾向をもち，その起源と源泉に向かう意向，その発散物を射出している物体に向かう意向をもっているのである。

ところで，摩擦によって粗大な，蒸気のようか空気のような発散物しか射出しないような物質は，いかなる現象もおこさない。そのような発散物はいずれも，あらゆる事物の結合者であるところの体液とは性質を異にしているからである。あるいはまた，そのような発散物はふつうの空気と非常に似ているので，空気と混ぜ合わせられてしまうからである。そのため，それらの発散物は空気中ではいかなる現象も生じさせず，自然の中でごく普遍的／一般的なものとは異なる運動をひきおこすことはないのである。

〔水面に浮かぶ物体が接近しあう運動〕

ところで，水面に浮いているいくつかの物体は，水中に少しだけ入れ★られている棒Cと同じように，一つになろうとして動く。図〔次ページ〕で棒EFは，コルクHのために水に浮いていて，水面上には，そのぬれている端Fだけが出ているものとする。この棒EFは，もしも棒Cが水面の上までぬれているならば，棒Cによって引っぱられるということは明らかである。この二つの棒は，ちょうどすぐ近くにある水滴同士が引き

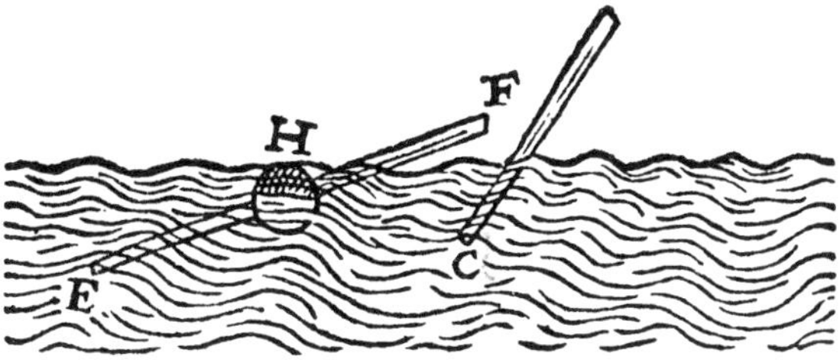

よせあうときと同じように，急激に一体化するのである。このように，ぬれているものは水面上でもう一つのぬれているものと合併しようとするが，それは水の表面が両者のところで盛り上がっているからである〔67ページの訳注参照のこと〕。それで二つの棒は水滴や泡と同じようにすぐにいっしょになって流れるのである。ところで，これらのものはコハク性物質よりもずっと近い類縁関係にあり，その冷たくてべっとりした性質によって一つにされるのである。

〔水面上のものが反発しあう現象〕

★　しかしながら，棒C全体のうち水面上に出ている部分が乾いていれば，それはもはや棒EFを引きよせずにそれを追い払うようになる。

同じことは，水面に作った泡でも見ることができる。一方が他の方に向かって激しく進み，それらが互いに近いときほど速く動くことが見られるのである。固体は液体の媒介によってもう一つの固体の方に押し進★められるのである。たとえば，その上に水滴が突き出ているような棒の端で回転針の端のところを触れてみよ。すると回転針がその小さな水滴のてっぺんに触れるや否やすぐにそれはすばやい運動によってその棒の本体に強力にくっつけられるであろう。

湿り気を含んだ固形物はこのようにして，それがすこし空気中に分解して出ていったときに（中間にある発散物が統合をもたらそうとして）吸着するのである。というのは，水は，ぬれている物体に対してあるいは水面上にあってありあまるほどの湿気でしめっている物体に対して，一種の発散物としての力を発揮するからである。きれいな空気は，体液の固形物から励起されたコハク性発散物にとっては，都合のよい媒体なのである。

水面上につき出ていてぬれている物体は，（もしそれが互いに近ければ）走りあって一つになるであろう。それは，ぬれている物質のまわりのところでは水の表面が盛り上がっているからである。

〔乾いているものとぬれているもの〕

ところで，〈乾いているものは，ぬれているものの方に押しやられることはない〉し，〈ぬれたものが乾いたものの方へ押しやられることはなく，かえって逃げる〉ように見える。これは，水の上にある部分がすべて乾いているなら，その近くの水の表面は盛り上がらずに，その物体を避けるので，乾いたもののまわりでは水面が低くなるからである。そこで，ぬれているものは，乾いているいれものの縁の方に動いていくことはなく，ぬれている縁のところを求めて動くのである。

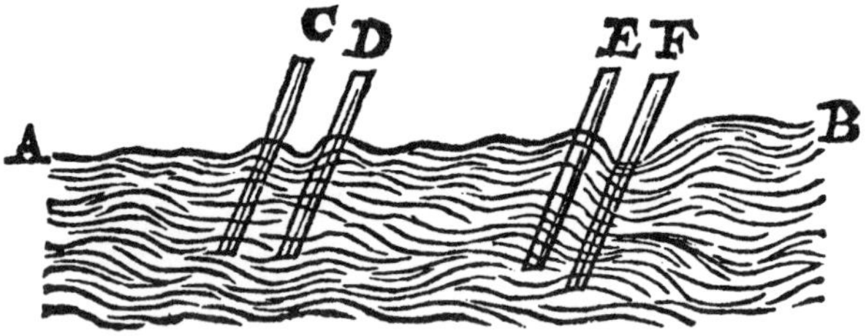

図で，ABを水の表面とし，C／Dは水面にぬれて立っている二本の棒とする。水面はCとDのところで棒に沿って盛り上がっていることが図に示されている。それで棒Cは盛り上がっている水（この水はその水平と統一を求めている）のために，その水とともにDの方へ動くのである。一方，Eにもぬれている棒があって，水はここでも盛り上がっているが，乾いた棒Fのところでは水面は低く下げられている。それは，その近くにあるEのところで盛り上がっている水のうねりを押し下げようとしているので，Eのところで高くなったうねりはFから変わるのである。それは，おし下げられたままになっていないからである。

〔訳注――以上の議論は，図を現代的に次の（左図の）ように書きなおしてみると，いっそうはっきりするであろう。

水にマッチ棒のようなものを横にして浮かせたとすると，棒全体が水にぬれているかどうかによって水面の様子がかわってくる。すなわち，下図（右）のようになる。

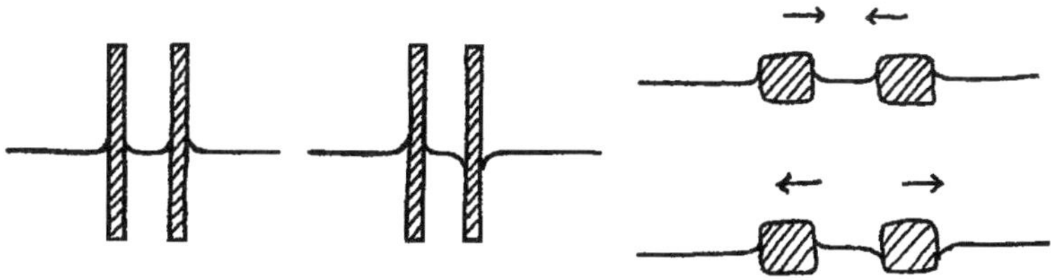

ギルバートの図では棒が立っているように描かれているが，本当はここに描いた図と同じことを表現したかったのであろう。ギルバートがここに書いている実験は，今でもすべて正しいことがたしかめられるし，水面の表面張力の働きによって説明できることである。ただ，ここでギルバートは，二つともぬれていない場合のことに言及していないが，その場合も吸着するようになるのである。1円玉を2個，そっと水に浮かせてみるとよい〕

〔10. コハク性発散物と体液〕

すべての電気的な吸引は，介在する体液を通じて生ずる。あらゆるものが相互に合体するのは体液のためなのである。実際，液体や水成の物体は水面の上で合体するのだが，固体化されたものは，もしそれが分解されて蒸気になるものならば，空気中でも合体する。

実際，空気中ではコハク性物質の発散物は非常に希薄なので，それはそれだけ一層よくその媒体にしみこんで，その運動によって媒体を押しやることはないのである。もしもその発散物が，空気や，風や，燃やした硝石のように濃かったとしたら，また他の物体から非常に大きな力で放たれた濃くてよごれている発散物や（アレキサンドリアのヘロンがその著『霊的なもの』の中で述べている装置の）管を通じて勢いよく出てくる熱によって体液から解放される空気のように濃かったとしたら，それらの発散物はあらゆるものを追い払ってしまって，ものを引きよせないことであろう。

ところで，これらの希薄な発散物は，いろいろな物体をとらえて，それをあたかも伸ばした腕で抱擁するかの如くコハク性物質と一緒に抱きしめる。それで，物体がコハク性物質に近づくにつれて発散物の強さも増大するので，その発散物の源泉に引っぱられるのである。

〔コハク性発散物と，においとの類比〕

ところで，水晶やガラス／ダイアモンドはとても堅い物質でしっかりと固められているのだが，それらのものから出る発散物はどんなものであろうか。

じつは，そのような発散物が作り出されるためには，何らそれとわかる，つまり〈知覚しうる物質の流れ〉がある必要はないし，そのコハク性物質がすりはがされたり，すりへったり，変形されたりすることを要しない。芳香を放ついくつかの物質は，長年の間，においを保ち，たえずにおいを発散しながらしかも急速に使い果たすことはない。イトスギの木は，腐っていない限り，またそれは実際とても長持ちするのだが，芳香を保つ。そのことは多くの学識ある人々が経験的に立証していることである。コハク性物質も同じようにして，ただ摩擦され刺激されたときだけ，しばらくの間どんなにおいよりもさらにこまかく，はるかに精妙な力を出すのである。しかし，コハクや黒玉や硫黄は簡単にばらばらにされて蒸気になるが，そのとき同時ににおいも出す。このためコハクなどは，ごくおだやかにこすっても，ときにはまったくこすらなくても，ものを引きよせるのである。また，コハクなどがたいへん強く励起されて長い間そのままでいるのは，それらがそれだけ強い発散物をもっているからである。

★　ところで，ダイアモンド／ガラス／水晶／その他たくさんの堅くてしっかりと固められている宝石は，摩擦されるとまず次第にあたたかくなる。それゆえ，それらのものは長くこすられてはじめてものを強く引きつけるようになるのである。さもなければ，それらのものは蒸気にならないからである。

〔コハク性物質は炎を引きよせないし，炎はコハク性発散物を破壊する〕

あらゆるものは，炎や燃えているものや希薄な空気を除いて，コハク性物質の方に向かって勢いよくとんでいく。それらのものは炎を引っぱらないだけでなく，回転針のどちら側かを（ランプの炎でもその他の燃えているものの炎でもいい）炎にうんと近づけると，回転針にも影響を及ぼ★さなくなる。実際，発散物が炎や火成の〔つまり運動や摩擦によるのでない〕熱によって破壊されるということは明らかである。それゆえ発散物は炎も，炎のごく近くにある物体も引きよせないのである。コハク性発散物は希薄にされた体液と類似しており，その性質をもっているからである。しかし，それらは蒸気のような外的な衝撃によらず，また熱や熱せられた物体のような希薄化にもよらずして，それ自身の独特な発散物へと薄められた湿り気自体によってその効果——結合と連続状態とを作りだすのである。

〔コハク性発散物は煙も吸いよせる〕

★　けれども，コハク性発散物は消したあかりから出てくる煙は誘いよせる。そして，煙は上の方に行こうとして薄められるにつれて，あまりわきに引っぱられなくなる。あまりにも希薄にされすぎた物体はコハク性★発散物によって引っぱられないからである。それで，火が消えて煙がほとんどなくなったときには，煙は全くそれらの方に傾かなくなる。そのことは，光をあててみれば容易にわかることである。

実際，煙が空気中を通っているときには，（前に証拠をあげて示したように）動かされることはない。というのは，空気自体は，いくらか希薄であれば引っぱられないからである。もっとも，空気をひき入れるための装置によって空気が供給されるようになっている炉などの場合のように，その場所をあけたものにつづいてついていくために動くのでなければの話である。

それゆえ，〔空気を〕よごすことのない「摩擦から生ずる発散物」と，熱によって変化させられないそれ自身のものである発散物とは，（もしも吸引される物体だけが，その物体のまわりやその物体自身の重さのいずれによっても運動しづらくなってはいないなら）合併と密着，その源泉への一致と捕捉との原因となる。それゆえ，コハク性物質のかたまりに小さな物体が連れていかれるのである。

発散物はその作用（vitue，力）を拡大する。普通の空気とはちがって，コハク性物質に特有で，いわばその種だけのものであるところの発散物は，摩擦と希薄化による熱の運動によって励起された体液から作られているのである。そして，それはあたかも物質的な放射線であるかのごとく，もみがらやわらや小枝を引きとめ，拾いあげるが，ついには発散物が活動をやめて消滅して止むのである。そのとき，それらのもの（微細なもの）は再び自由にされて，大地そのものによって引かれて地上に落ちるわけである。

〔11．磁気と電気とのちがい〕

磁性体（magnelica）とコハク性物質（electrica）とのちがい——その一つは，「磁性体はすべて相互作用の力で走って一緒になる」のに対して，「コハク性物質は，ただ一方的におびきよせるだけだ」ということである。コハク性物質の場合，おびきよせられたものが注入された力によって変化させられることはないが，コハク性物質のところにとびあがったものは自発的にそれらの上に静止したままでいる。また，コハク性物質に向かって動かされる物体は，その中心に向かう直線上を動かされるのである。しかし，慈石は他の慈石を直接その極のところで引っぱるだけで，他の部分は斜めに横切って引っぱる。そして，慈石がたがいにくっつき吊りさがるときも，そのようにするのである。

また，コハク的な運動は物質の集団の運動であるのに，磁気的な運動は配列と構造の運動である。地球はそれ自身コハクに結合しており，凝集させられている。そして，地球は磁気的に方向を定められ，回転させられている。同時にそれ〔地球〕は〔磁気的にも〕凝集しており，形がくずれないようにその一番奥の部分で互いに固められているのである。

第２部　第17章

（その力を増すために）
慈石の極の上に武装させる（armatus）
鉄の兜（casside）とその効果について

〔訳者注――これ以下22章までは，各章ともたいへん短く，しかも内容的には連続した実験・考察である。そこで読みやすいように６章をつづけて（章ごとにページを改めずに）印刷することした。

なお，ここに述べられていることは，そのような実験を一度もやったことのない人々には信じにくく，それ故理解しずらいかもしれない。しかし，同じような実験は天然慈石がなくても，フェライト磁石を用いて簡単に再現できる。そのことについては95ページの「解説（4）」を参照のこと。もしかするとその解説を先に読んで，それからギルバートの文章を読んだ方がよいかもしれない〕

慈石の出っぱった磁極の面に合わせて上手にとりつけられるように，まんなかが凹んだ広さ１指幅（しふく）ほどの小さな円板があるとする。つまり，ドングリの皿のような形をした鉄片で，慈石に結びつけられるように，小さな孔をあけて石の表面にとりつけるようにすればいいのである〔75ページの図参照のこと〕。その鉄は最上等のはがねで，平らで，よくみがかれていて，なめらかであるとする。そのような付属品をつけると，前には４オンスの鉄を支えただけの慈石でも，今度は12オンスの鉄をもちあげられるようになるであろう。しかし，結合している，つまり統合し

★ た自然の最大の威力は，共に鉄のカブトで武装した二つの慈石が相互に引きあって他方を持ち上げるときに見ることができる。〔一つの慈石を二つに切断したときに〕同時に発生する（ふつう〈反対の〉極という）二つの

端でつなげるのである。こうすると，武装していない石ならどちらもわずか４オンスの鉄しか持ち上げられないときでも，20オンスの重さのものが持ち上がるのである。

鉄も，裸の慈石にくっつくよりも，鉄カブトで武装した慈石のほうにずっとしっかりと結びつき，より大きな重さのものが持ち上げられる。鉄片は武装されている慈石の方にずっと頑固にくっつくのである。というのは，慈石が近くに存在することによって，鉄同士が互いに堅く結びつけられるからである。鉄のカブトは慈石が存在することによって磁気力をはらむし，それに連続する方の鉄片も慈石の存在からその力を授けられるから，二つは互いにしっかりと結合させられるのである。それゆえ，強い鉄片が相互に接触することになって，その結合力は強くなるのである。そのことは，第３部第４章〔本訳書では省略してある〕で互いにくっついている棒を用いることによって，さらに明らかにされ証明されるであろう。また，鉄粉が一つの結合体に固結する問題が論じられるときに示されるであろう。

鉄片は慈石の近くにあるとき，その慈石にくっついているかなりの量の鉄片を引きずりはなすことができる。もっともこれは，その鉄片が慈石についている鉄に接触しているときだけで，接触していなければ，いくらうんと近くにあっても鉄をひっつかむことはないが，これも上述の理由によるのである。というのは，慈石の力の領域内つまり慈石の近くで磁化された鉄片同士は，鉄と磁石との間ほどの大きな努力で突進して一緒にたることはないが，ひとたび二つがつながると，（物質は同一で作用している力も同一のままなのだけれども）磁化された鉄片同士は鉄と磁石との間よりも強く結びつけられ，いわばシックイでつなげられたようになるのである。

第２部　第18章

武装した慈石が鉄片を励起して与える磁力は，裸の慈石が与える力よりも大きいということはない

★　ここに二つの鉄片があって，その一つは武装した慈石によって励起〔磁化〕されていて，もう一つは裸の慈石によって励起されているものとする。そこで，その一つに，もう一つの，その重さがその磁力の強さに正比例するような鉄片をつけるとすると，どちらの鉄片も同じ重さのものを持ち上げ，それ以上のものを持ち上げることはない。武装された慈石に触れた磁気回転針が大地の極に向かって回転する強さや速さは，同じ慈石を裸にして磁化したときと同じである。

第２部　第19章

武装した慈石との結合はより強いので，より重いものが持ち上げられるようになる。けれどもその接合は強くなく，一般にはむしろ弱い

武装された慈石がより重いものを持ち上げることは，万人に明らかで
★ある。けれども，鉄片が慈石の方に向かって動きはじめる距離は，同じか，むしろ，石が鉄のカブトなしに裸でいるときの方が遠い。この実験

は，重さも形も同じ二つの鉄片を等しい距離のところにおいてやるか，あるい同一の回転針でもってやってみなければならない。あとの場合，まず武装された慈石でテストし，次に裸の慈石から等距離のところにおいてやってみるのである。

第2部　第20章

★ 武装した慈石がもう一つの武装した慈石を持ち上げ，それがさらに第三の武装慈石を持ち上げるというようにつづけていくことができる。もっともこの場合，その力ははじめよりいくらか弱くなる

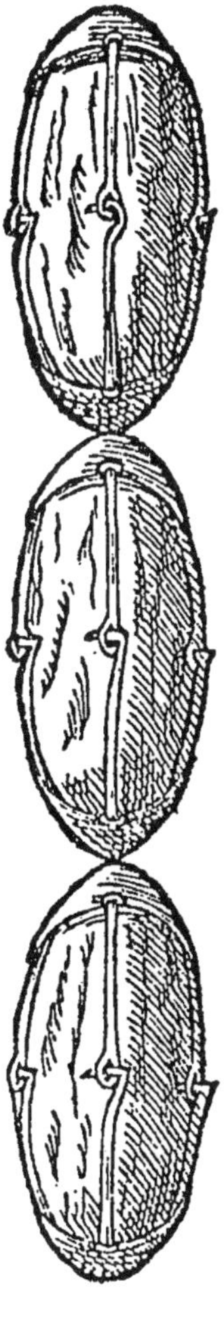

武装慈石同士は，うまくつなげるとしっかりとくっつき，一つになる。第一の慈石はどちらかというと弱くなるけれども，第二の慈石は，第一の慈石の力だけでなく，第二の慈石の力が互いに救いの手を差し出すことによってそれにくっつくのである。そこで，第二の石に第三の石がくっつくことがあるし，もっともたくましい石の場合には，第四の石が第三の石にくっついてぶらさがることもある。

〔ガリレオはこの実験をさらに改良して，自重の25倍のものを吊り下げられるまでにすることに成功したという。『天文対話』（青木靖三訳，岩波文庫版，下巻，177ぺ）を参照のこと〕

第２部　第21章

★　紙その他のものを間にはさむと，武装慈石も，裸の慈石より多くのものを持ち上げられない

武装した慈石は裸の慈石よりも遠い距離で引っぱることはないが，鉄とつなげられて連続的にされると，量的により多くの鉄を持ち上げる――という観察事実は，すでに述べたところである。けれども，紙が慈石と鉄の間に入れられると，その金属の親密なる結合もさまたげられ，それらの金属は慈石の働きによって堅められなくなってしまう。

第２部　第22章

★　武装された慈石が裸の慈石よりも多く鉄を引くのではないということ。及び，武装されたものは鉄により強く結びつけられるということは，武装された慈石と磨いた円筒状の鉄とを用いることによって示すことができる

裸の慈石では重くて持ち上げられないような１本の鉄の円筒を水平面に横たえておく。そして，（１枚の紙きれを間にはさみこんで）武装された慈石の極をそのまんなかにつなげる。そこでもしこの鉄の円筒がその慈石によって引きずられたとすると，それは回転しながらついてくるであ

ろう：けれども，もしその間に何も介在するものがなければ，その円筒は武装された慈石としっかりくっついたまま引きずられ，少しも回転することはないであろう。しかし，もしその慈石が裸にされていれば，それは間に紙がはさまれていたり紙で包まれていたときの武装慈石の場合と同じ速さで，円筒をころがしながら引っぱるであろう。

★　重さはちがうが原鉱も強さも形も同じ武装慈石は，強さの割合に比例した形と適当な大きさの鉄★片にくっつき，ぶらさがるであろう。同じことは，裸の石の場合には明らかである。

★　適当な大きさの鉄片を，磁性体に吊り下がっている一個の慈石の下の方にあてがうと，それはその慈石に磁力を励起して，慈石がもっとしっかりと上の磁性体に吊りさがるようにする。吊りさがっている慈石は，それに鉛やその他の非磁性体をひっかけたときよりも，それに鉄片を加えたときの方がよりしっかりと上の磁性体につながることから，そういえるのである。

★　武装されているかいないかによらず，一つの慈石の極のところに他の慈石（武装されていてもいなくてもよい）の極をつなげると，慈石はその反対側のところで前より重いものをもちあげられるようになる。鉄片も，慈石の一つの極につけられると，同じ効果を生じ，もう一方の極がより重い鉄をはこべるようにする。それはちょうど，自分の★上に鉄片を重ね合わせた慈石は（この図に見られるように），その鉄片がとりのぞかれたら吊り下げることができなくなるほどの鉄片を下に吊りさげられるのと同じである。つながっている磁性体はものを磁気的にするのである。そんなわけで，その大きさがふえるにつれて，磁気の力も増強されるのである。

★　武装された慈石は，裸のもののときと同じく，鉄片が大きいほどより容易に走り，より小さな鉄片よりも大きなものとより強く結びつく。

第5部　第2章

磁針を球形慈石つまり地平面上のさまざまな位置においたときの伏角の図

（ここでは伏角のばらつきはないものとしてある）

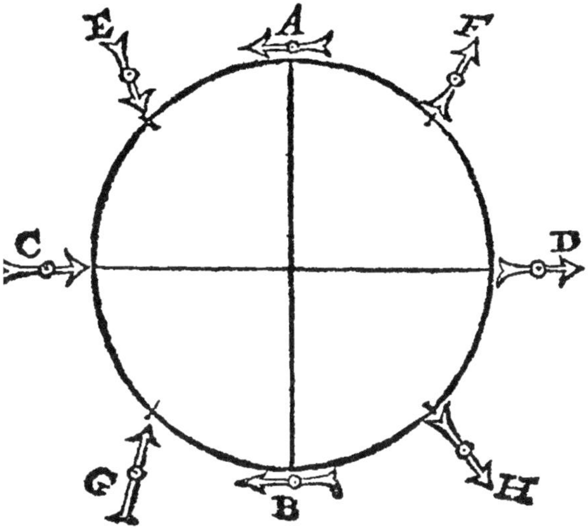

図で大地つまり小地球（terrella）の赤道をABとし，Cを北極，Dを南極とし，E，Gは北半球にある磁針，H，Fは南半球上にある磁針とする。ここに示されている図では，磁針の先端はすべて小地球の真の北極によってこすられたものになっている。

ここでは，大地および慈石の赤道上AとBにある磁針は水平の位置にあり，両極CとDでは垂直の位置にあるが，その中間の場所45°あたりのところでは，磁針の尾は南の方に傾斜し，先頭はちょうどその分だけ北の方に傾斜する。その理由は，以下の証拠付きの議論から明らかになるであろう。

★　大地の球をなぞらえた小地球の北緯50度における回転と傾きの図

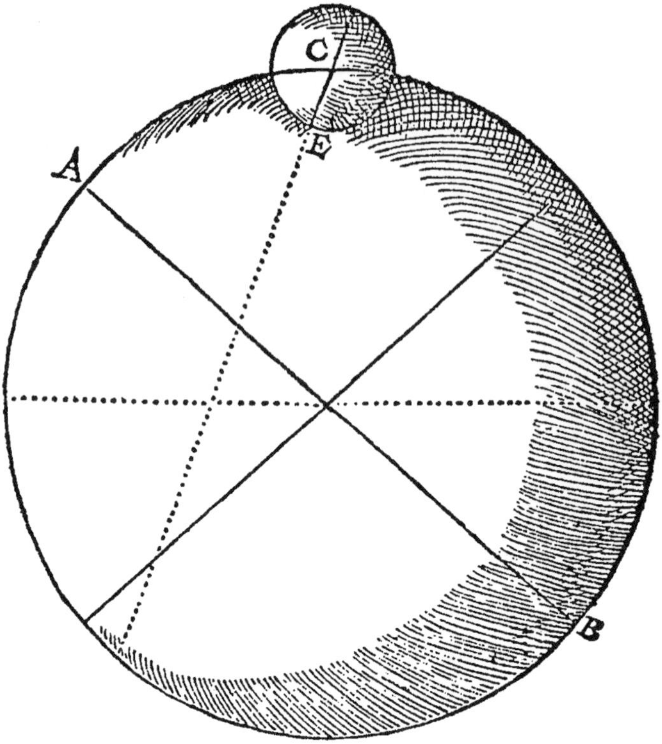

図においてAは大地，つまり大きい方のテレラ〔球形慈石〕の北極で，Bはその南極である。Cは小さいテレラで，その南極Eは〔大きい方のテレラ〕の北半球の中に入りこんでいる。これは，小さい方のテレラはその軸の長さのために変動を示すから（この軸の長さは本当の大地の上なら問題にならないのだが）中心Cが大きい方のテレラの表面上におかれているためである。

磁針は緯度50°のところでは下に傾くが，それと全く同じように慈石の軸〔もちろん球形慈石の軸〕もまた水平より下に押し下げられる。本来の南の極は下がり，その北の極は南の方にもちあげられて天頂の方を指すのである。鉄製のまるい円板で，その円周上の反対側のところで注意深く〔慈石に〕こすられたものもまた，同じようにふるまう。しかし，この磁気実験は，まるい鉄片の力が弱いためにあまり明瞭ではない。

鉄釘がテレラ上のいろいろな場所で示す傾きかたのちがい

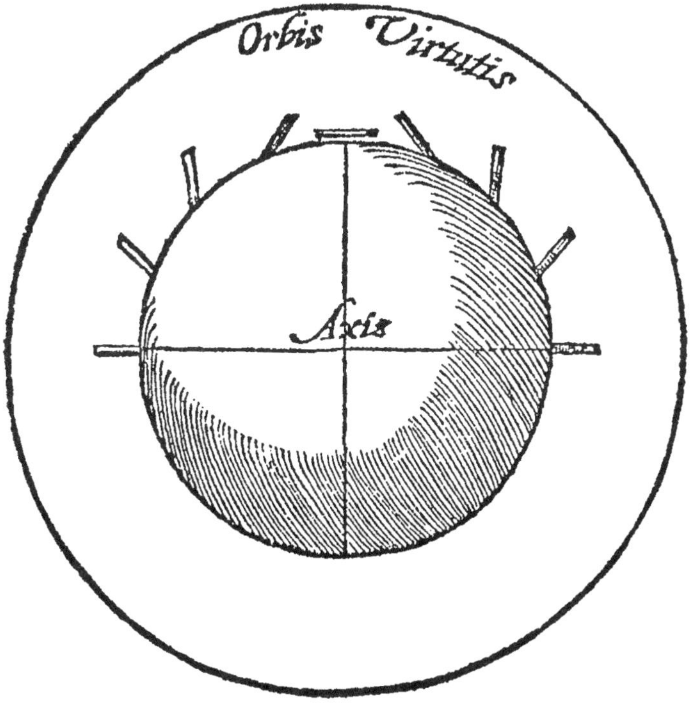

テレラの上での磁針の傾きは，大麦の粒ほどの長さに切った鉄の針金をいくつも子午線（経線）に沿ってならべることによって示すことができる。〔ホッチキスの小さなステープル（針）を指先でのばしたものを使うとうまく実験できる〕

赤道上の針金は，石の力によって両極の方に向けられて，石の水平面上にそのまま横たわる。ところが，両極に近づくにつれて，針金は石の回転させる性質によってもち上げられる。そして両極のところでは垂直に石の中心に向くようになる。もっとも鉄釘が長すぎると，よほど強い石の上でないとまっすぐに立たないであろう。

解　　説

板倉聖宣

1. ウィリアム・ギルバート（1544〜1603）の生涯

ギルバートについては，信頼できるくわしい伝記は書かれていないようである。R. Harre 編の *Early Seventeenth Century Scientists*（17世紀初期の科学者たち，Pergamon press，1965年）という本には，ギルバート（1540〜1603）にはじまりデカルト（1596〜1650）に至る７人の伝記がのっているが，その24ページにおよぶギルバートの項も伝記といえるものではなく，その大部分はギルバートの『慈石論』の内容を紹介したものにすぎない。そこで，ここでは Basic Books が1958年に複製出版した S. P. Thompson 英訳の W. Gilbert : *On the Magnet*（1900年）に Derek. J. Price の付した Editor's Introduction によって，ギルバートの経歴を紹介することにする。

William Gilbert は，Jerome Gilbert（Hierom Gilbert または Gylberd）の長男として1544年5月24日にイギリスに生まれた。父ジェロームは，ロンドン市から100kmあまり東北にあるサフォーク県の紳士であったが，その南隣りにあるエセックス県の，コルチェスター町の地区裁判所判事（recorder）となっていたという。『慈石論』にある著者名が「コルチェスターのW.ギルバート」となっているのはそのためであろう。

ウィリアムの母は３人の子を生んで亡くなったので，父は再婚してさらに７人の子をもうけたという。この７人の異母兄弟のうちに，やはりウィリアム（the younger of Melford）という名の弟がいて，この人が長兄の科学者ウィリアム・ギルバートの没後，その遺著『わが月下の世界』を出版したり，もう一人の兄弟と一緒にギルバートの記念碑を建てるのに努力した。ところが，その記念碑に長兄の誕生の年をまちがって1540年と彫りつけてしまった。そこで，今日でもギルバートの生年を1540年生まれとしたものが少なからずある（上述の R.Harre の書いた伝記でも，William Gilbert〔1540～1603〕とされている。『〔新版〕ダンネマン大自然科学史』第４巻の199ページでもギルバートの生年は1540年とされていて，訳注で1544年生まれとする異説がある旨注記している。『岩波西洋人名事典』『岩波理化学辞典』も1540年生まれをとっているが，アシモフの『(科学技術）人名事典』は1544年生まれとしている)。

さて，ギルバートは当時の慣習にしたがって14歳のときにケンブリッジ大学に行き，そのセント・ジョーンズ学寮に入った。そして２年後に学士号（bachelor's degree）をとり，さらにその４年後に修士号（master）を得た。その後かれは５年間ケンブリッジにとどまり，そこで医学博士（医師）の資格をとってシニア・フェロウ（senior fellow，上級研究員）となり，1565年と1569年には数学の試験官ともなったという。それが終わると（1569年）当時の習慣通りヨーロッパ留学に出かけ，４年間の大部分をイタリアですごした。そして1573年にロンドンに帰ってきて，そこに家を構えて開業医となったという。29歳のときである。

まもなくギルバートは開業医として広く知られるようになり，王認医師会（Royal College of Physicians）のメンバーシップ（membership，評議員）になった。そして1581年には幹事（Censor）になって，1599年には会長（President）に指名された。また1601年にはエリザベス女王（1533.9.7～1603.3.24）の侍医という高い位につくことにもなった。女王はその２年後に亡くなったが，そのとき女王はギルバートにだけ，その研究を推進させるために女王の私的な財産を与えたという伝説がのこっているという。けれども，ギルバートは女王が亡くなってからのち８ヵ月しか生きていなかった。1603年11月30日（新しいグレゴリオ暦では12月10

日）ペストに命を奪われたのである。それまでかれは Royal Physician（国王侍医）の地位にとどまっていたという。

ギルバートは生涯結婚しなかった。そこでかれの蔵書と実験器具類はすべて王認医師会に伝えられたが，それらのものは1666年におこったロンドンの大火のときにみな灰燼に帰してしまったという。

ギルバートはその慈石に関する研究を1581年（37歳）ごろからはじめたらしいという。かれは1581年には王認医師会の幹事となっていたが，医者としての地位が確立してはじめて慈石の研究をはじめたのである。かれは自宅に人を集めて一緒に実験をしたり科学上の問題を議論してたのしんでいたようである。そのころには，職業的な測量技師／航海士／数理器具の製造業者とか，そういう器具を使う教師といった人々が多くなっていて，いずれも社会的に相当高い地位にあるものと思われるようになっていたのである。

ギルバートは開業医をやりながら，新しい慈石の標本や新しい実験器具を手に入れては，17〜18年のあいだ慈石や電気の実験をたのしんだのである。『慈石論』の内容を見ればわかるように，かれはじつに徹底的にねばり強く実験をくりかえした。たとえば「ダイアモンドも慈石と同じように鉄の針金を磁化する」という話の真偽をたしかめるために，かれは「目にとまる機会のあった85個のダイアモンドについて自ら実験した」（第３部第13章）と書いている。こういう実験をやるために，かれは5000ポンドもの金を費しもしたという。

『慈石論』の本文にも見られるように，かれは，自分で実験もせずに昔からのいい伝えをそのまま信じて書き伝えてきた学者たちを徹底的に批判した。しかし，それと同時にかれは，自らの実験を基礎にして新しい科学を生みだそうとしていた人々に深い共感を覚えた。『慈石論』の中でも明言されているが，かれはコペルニクスの地動説を支持し，それを自分の慈石に関する研究によって裏づけようとしていた（もっとも，かれの認めたのは地球の自転だけで，公転は認めていなかった）。

ところで，この『慈石論』が出版されたのは1600年のことだったが，その年の２月17日にはイタリア生まれの神学者ジョルダノ・ブルーノ（1548〜1600）がローマ法王庁の手によって火あぶりの刑で殺されている。ブルーノはコペルニクスの地動説を基礎にして異端的な（汎神論的な）神学説を展開したためにローマ法王庁にとらえられていたのである。ギルバートはこの悲しい出来事を念頭において『慈石論』の序文にはげしい言葉を書きつけたのではないかといわれている。

ギルバートがその生涯に著した本はこの『慈石論』ただ一冊であったが，もう一冊の本 *De Mundo Nostro Sublunari Philosophia Nova*（『わが月下の世界に関する新しい哲学』）の原稿を遺した。その本はさきにのべた同名の弟の手によって1651年にアムステルダムで出版された。

なお，E.ツィルゼルの「ギルバートの科学的方法の起源」という論文が訳出されている（ツィルゼル著・青木靖三訳『科学と社会』みすず書房，1967年，138〜190ぺ）。参考になるところも少なくないと思うので，とくに付記しておく。

２．『慈石論』について

ギルバートの『慈石論（*De Magnete*）』はラテン語で書かれていて，その初版は1600年にロンドンで出版された。同じころに出版された本の表題はみなとても長いものだったが，『慈石論』初版の表題を略さずに全部書くとこうなる。

Guilielmi Gilberti Colcestrensis, Medici Londinensis, *De Magnete , magneticisque Corporibus, et de magno Magnete Tellure ; Physiologia nova , plurimis & argumentis, & experimentis demon-*

strata. London, Petrus Short, 1600
（ロンドンの医師・コルチェスターの人ウィリアム・ギルバート著『慈石，磁性体および大きな慈石である地球について——多くの議論と実験とによって証明された新しい生理学』ロンドン，1600年，ペルトス・ショート発行）

副題の「新しい生理学」という訳はおかしいのではないかと思われるかもしれないが，この原語は Physiologia nova である。田中秀央編『羅和辞典』（研究社，1952年）で，physiologia を引くと「自然についての知識，自然哲学，生理学」とある。これからすると，「新しい自然学」とした方がよさそうにも思われる。じっさい安田徳太郎訳の『（新版）ダンネマン大自然科学史（第４巻）』（三省堂，1978年）では「新しい自然学」と訳されている。しかし，「自然学」ならふつう physica とするところである。ギルバートが physica とせずに physiologiaとしたのは特別な理由があると考えられないだろうか。今日の英語で physiology といえば生理学であって，自然学のことではないのである。そんなことに気をつけて『慈石論』の内容を検討してみると，第５部第12章の表題に「慈石は生きていて命に似ている——これは，人間の命が有機体である身体と切り離せないでいるのと比べれば，多くの点で人間の命よりすぐれている」とあるのが注目される。じつはこの章以外でもギルバートは磁力を命／魂のようなものと考えているのである。とするならば，『慈石論』の副題は「新しい生理学」と訳す方がよいと考えられるのである。私の用いた S.P.Thompson の英訳本では *a new Physiology* とされていて，私の解釈と同じであるように思われる。

ギルバートのこの初版本は，原本に忠実な復刻版がでていて，私の手もとにもあるが，この本には形式的にいって注目すべきところが一つある。この本には欄外のところどころに大小２種類の星印（★★）が付されているのである。これが何を意味するかということについては，この本の序文の中でギルバート自身説明しているが，これは著者自身の手による新しい発見や新しい実験に言及した部分を示すマークだという。ギルバートがいかに新発見·新実験を重んじていたかがわかるというものである。(この星印がどんなところについているかがわかるように，巻末の全巻目次の各章の表題のあとにその章に付されている大小の星印をその数だけつけておいた)

これを見ておもしろいと思うのは，私など「これはギルバートの新発見，新実験ではないか」と思ってしまうようなところで一向に星印のついていないところが少なからずあることだ。ギルバートはそれらの発見や実験をその先駆者たちからひきついでいたのである。じっさい私は，本書の中で「とても重要だ」「おもしろい」と思えるような考え方や実験のうちのかなり多くのものがギルバート自身のものでないことにおどろいた。しかし，そのことはなにもギルバートの業績の価値を低めるものではない。ギルバートの仕事の半分は，かれの先駆者たちの考えや実験をうけつぎ，それをその著書の中に正しく位置づけたことにあるのである。かれはこの本によって科学研究の成果を積み上げる習慣をつくりだす上でも大きな寄与をしたのではないだろうか。

ギルバートの『慈石論』は何部ぐらい印刷されたのだろうか。プライスは，〈ニュートンの *Principia*（『自然哲学の数学的原理』，1687年）の初版が300〜400部しか印刷されなかったのと比べて，それより少数部しか印刷されなかったのではないか〉といっている。しかし，ガリレオ·ガリレイは幸運にもこの本を入手することができた。ガリレイはその著『天文対話』（1632年）の中でギルバートの『慈石論』に言及して「かれの書物を注意して読み，またかれの実験をもう一度やってみたものはすべて仲間となれると思います」（青木靖三訳，岩波文庫版〔下〕169ぺ）といい，「ぼくは大いにこの著者を褒め，驚嘆し，うらやみます」（同上，177ぺ）ともいっている。ガリレオは，〈ギルバートの議論におそれをなしたと思われる「ある有名な逍遙学派の哲学者」〉からゆずられてはじめて『慈石論』を入手することができたという話も伝えている（同上，

170ぺ)。ギルバートやガリレオの時代には，すでに新しい実験哲学者たちの国をこえた連帯性が確立していたのである。

さて，『慈石論』は，ギルバートの死後，1628年と1633年になって第２版と第３版が印刷された。このうち1628年版のタイトルページは，地味な初版本とはちがってたくさんの図がもりこまれていて，なかなか見栄えのするものになっている。そこで，ギルバートの『慈石論』の紹介というと，この第２版の扉のページのコピーが添えられるのがふつうになっている。私の抄訳本でも，この第２版のタイトルページの図柄をそのままとって本書の表紙としておいた。

ギルバートの『慈石論』はラテン語で書かれていた。そこで，多くの人々が読めるようにこれを英語に訳そうという計画は早くからあったようだが，なかなか実現しなかった。それで結局，1893年になって，Paul Fleury Mottelay による英訳本がニューヨークで出版されたのが英語版の最初であった。一方，この英訳本が出版される少し前の1889年ごろ，イギリスに「ギルバートクラブ」という集まりが発足して，『慈石論』の出版300年を記念してその忠実な英訳本を出版することが話題になっていた。その結果，1900年に Silvanus P. Thompson（1851～1916）の英訳本がギルバートクラブの事業の一つとして出版された。

はじめに断った通り，私のこの日本語訳の原本となったのは，上記のS.P.トンプソンによる英訳本（の覆刻版）である。翻訳にあたってP.F.モッテレーによる英訳も参考にしたくて入手すべく努力したが，ついに入手できなかった（2008年に新版を出すまでにはモッテレーの英訳本も入手したが，それで訳文を変更することはなかった）。

抄訳とはいえ，ギルバートの『慈石論』のこれだけまとまった日本語訳は本書がはじめてである。しかし，２～３章だけを抄訳したものなら，私の知る限り二つのものがある。G. シュウォルツ／P.W. ビショップ著，菅井準一ほか訳の『科学の歴史（1）』（河出書房新社，1962年）の243～249ページには第１部の第３章と第５章および第２部第２章の抄訳がのっている。また，安田徳太郎訳の『(新版）ダンネマン大自然科学史（第4巻)』(三省堂，1978年）には，第２部第２章の抄訳と第５部第２章，第３部第12章の全訳がのっている。この翻訳にあたってはとくにこの両書の訳文を参考にさせていただいた。ところが，どうしたことか両書ともとんでもない誤訳が少なくなくて，日本語としても意味が通じないところがある。これを見て私は，16～17世紀ごろの科学論文の翻訳のむずかしさを改めて痛感させられた。私の訳文にも誤訳があるかもしれないが，両書とくらべるとずっと誤訳は減り，日本語としても読みやすいものになっていると思うが，どうだろうか。私の訳文には，両書の訳文をそのままひきうつしたところはないはずだが，他山の石として両書の訳文が役立ったことも少なくない。記して御礼を申し上げたい。

３．ギルバートの物質理論・引力説のまちがいと，その妥当性

ギルバートの『慈石論』の第２部第２章の「コハクにものが付着することについて」には，ギルバートの物質観／引力論といったものが大々的に展開されている。ところが，その内容は今日の科学常識とは著しくちがっているので，これを読んで理解に苦しむ人も少なくないであろう。そこで，ギルバートの物質観についてもう少しわかりやすく解説しておくことにしよう。結論的にいえば，ここで展開されている物質観／引力論は古代からの伝統的な「四元素説」と「体液説」をうけついだもので，基本的にまちがっているというほかはないのだが，そのまちがいにもかかわらず，ギルバートの議論の底にあるかれのするどい観察事実を見落してはならないと思うからである。

さて，この章でギルバートは「コハク（や黒玉）以外にも，こすると

軽いものをひきつけるものがたくさんある」ことを明らかにして，摩擦電気の研究に新しい時代をひらいたのだが，ここでかれが，「いくら摩擦してもコハクのような性質を示さないものもある」としたのは，正しいとはいえない。

ギルバートは金属や慈石のようなものはいくらこすってもコハクのような性質を示さないというが，ためしにスプーンやナイフを布かなにかで摩擦してみるとよい。スプーンやナイフを手でじかにつかむと，いくら摩擦しても静電気現象を示さないが，手でにぎるところにサランラップのようなものをまいてやると静電気現象を示すことが確認できるだろう。金属のように電気をよく通すものの場合は，いくら摩擦して電気をおこしてやっても，その物体をにぎっている手を通じて電気がどんどん逃げてしまうので，その静電気の逃げみちをふさいでから摩擦しないと静電気現象がみられないのである。ギルバートはそのことに気づかなかったのである。

しかし，ギルバートがそのことに気づかなかったからといって責めるのは酷にすぎるというものであろう。なにしろギルバートの時代にはまだ，「物質には電気をよく通すものと通さないものとがある」ということも知られていなかったのである。電気伝導のことは，ギルバートが『慈石論』によって電気の科学的伝統をひらいてから129年もあとの1729年になって，イギリスのグレー（1666／67～1736）によってはじめて発見されたのである。こういうわけで，ギルバートは，この世の物体の中には摩擦すると静電気現象を示す〈コハク性物質〉と〈非コハク性物質〉とがあるとして，この世の物質を二分しなければならなかったわけである。

それなら，〈コハク性物質〉とはどういう物質で，〈非コハク性物質〉とはどういう物質なのか。――ギルバートはこうして論をすすめる。そして，水晶のように水元素がもとになってできたもの，湿り気をおびたものは〈コハク性現象〉を示し，主として土元素がもとになってできたものはコハク性現象を示さない，とするのである。この議論は，今日の科学常識からすると全く異常でデタラメに見える。たしかに，この議論は現代の物質観とはほど遠い。これは，「万物は〈水／土／空気／火〉の四種類の元素からなりたっている」とする古代・中世の物質観をもとにしているのだ。

読者の中には，ギルバートが「水晶は水からできている」などと大まじめに論じている（52ページ）のをみて，あきれてしまう人がいるかもしれない。「こんなデタラメな議論を読んでもしかたがない」と思うかもしれない。たしかにこのような考えは今日の科学常識からするとまったくのまちがいである。しかし，それは不まじめでデタラメな議論ということはできない。日本や中国の「水晶」または「水精」という呼び名を見てもわかるように，水晶はヨーロッパでも東洋でも古来「水の結晶」と見られてきたのである。そのような考えは，ロバート・ボイルがその著『懐疑的化学者』（1661年）の中でそのまちがいをはっきり指摘するまで，ヨーロッパの学者たちの間でも一般的にうけいれられていたのである。（このことについては，板倉他著『〔仮説実験授業記録集成２〕結晶』国土社，1971年，19〜20ページ参照のこと）

それにしても，すべての物質を〈水性（湿性）〉のものと〈土性〉のものとに分けて，「〈水性〉のものだけがコハク性現象を示す」とするギルバートの分類は，今日の科学常識からするとまったくばからしいものに見えるかもしれない。しかし，これもまったくのデタラメとはいえないであろう。じつは〈水性〉物質と〈土性〉物質の分類は，今日の岩石学における〈酸性岩〉と〈塩基性岩〉との分類に対応していると見ることができるからである。今日の岩石学でいう酸性岩というのは珪酸（SiO_2）を多く含んでいる岩石のことであり，塩基性岩というのは珪酸分が少なく，そのかわり鉄分などを多く含んでいる岩石のことである。そして，その区別は素人的・肉眼的にも白っぽい岩石と黒っぽい岩石というように分けられるのである。しかも塩基性岩の方が一般的に電気伝導度が高いと思われることを考えると，ギルバートの分類はかなり的をついていたようにも思えるのである。

ところで，ギルバートは，摩擦したとき静電気現象をおこすのはコハク性物質だけだとしたが，それでも「すべての物質は電気的性質をもっている」ということを完全につかみそこなったわけではなかった。ギルバートは，「金属でもなんでもかでも，摩擦されたコハク性物質に吸いよせられる」ということを発見していたからである。磁気の場合，ものが磁石に感ずれば，それは磁性体だといっていいが，電気の場合だって，ものがコハクに吸いよせられるのはそのものが静電気を帯びうることを示しているといっていいのである。ふつう「電気に関するギルバートの発見」というと，「コハク（や黒玉）以外にも摩擦すると静電気現象を示すものがたくさんある」ということを発見したことだけがあげられる。しかし「すべてのものがコハク性物質に吸いよせられる」という発見は，それにまさるとも劣らぬ大発見として注目すべきではないだろうか。

さて，次の問題は，〈静電気的引力と吸着〉に対するギルバートの説明である。ここでは「発散物（effluvium）」という言葉のほかに「体液（humid）」という言葉がたくさんでてくるが，これはどういうものだろうか。まず，体液というのは，じつはもともと医学上，生理学上の概念であった。古代ギリシアのヒポクラテスは「人体の中には血液など四種類の体液がある」としたが，それ以来「体液」の概念は古代・中世の医学，生理学で重大なものとなっていた。ギルバートはその体液の概念を無生物の物体にまで拡張して，電気や磁気の引力現象の説明に利用しているのである。『慈石論』の副題が「新しい生理学」となっているのも，そのためであろう。

ギルバートによると，「物体がそれぞれその形を保っているのは，そのなかにそれ独自の体液があるから」である。「体液がその物体を構成する微粒子を結びつける接着剤のような役割をはたしている」というわけである。砂を水でぬらして湿り気を与えると，砂でダンゴを作ることもできるようになるが，ギルバートは，どんな物体にもこの場合の水のような働きをしているものが含まれていると考え，それを体液とよんだのであろう。この体液はその物体そのものではない。そして，その体液はその物体の外へ揮発して出ていくこともできるわけである。それが発散物（effluvium）である。ある物体からの発散物というと，何かその物体の蒸気のようにも思えるが，おそらくふつうはそういうものと考えてはいけないのであろう。「その物質そのものが気体になったもの」ではなくて，「〈その物質の中に接着剤／統合剤のようにして含まれていたもの（体液）〉が揮発してその物体のまわりをとりまいている」と考え，それを発散物と名づけたのである。

この辺の議論はまったくの想像説で，もちろんそのまま正しいとするわけにはいかない。実験を重んじたギルバートがこんな議論をしてはだいなしだとも思われかねない。しかしギルバートに大いに同情して，かれの議論に近い情況を今日の物質構造論の中から思い出すこともできないことではない。「今日の電子がかれの体液や発散物に相当するものだ」と考えるのである。摩擦したコハクが紙きれをひっぱる現象を，コハクから電子がとびでていって紙きれをさらってくるとして説明するのはまちがっている。しかし，物体を作る原子や分子に含まれている自由電子や束縛電子がそれらの原子や分子を相互に結びつけ，その物体の形を保つ役割をしているとはいえるのである。そういえば金属が大きな展性・延性をもつのも，そこに含まれている自由電子のせいである。自由電子が接着剤のような役割をはたしているのである。

なお，ギルバートの「湿り気」というのは水分による湿り気とは限らない。アルコールで湿ることだってあるので，この湿り気を水分とせまく解釈しないでほしい。

ところで，ギルバートは，湿り気による物体の吸引／吸着現象を説明するのに，「水面に浮かした木片などの吸引現象」をモデルとして採用している。これは最近私たちが結晶形成のモデルとして用いているのと同じ種類のものである。『(新版) ダンネマン大自然科学史 (第4巻)』(三省堂, 1978年) の178〜179ページには, この実験をはじめて行なったのはイタリアのボレリだ (1655年, 発表1670年) としてあるが, それよりずっと前にギルバートがやっていたわけである。かれの想像力の拡がりにはおどろかされるばかりである。

4. 鉄の兜で武装した慈石での実験

この『慈石論』の抄訳では, とくにいわゆる「鎧装(がいそう)慈石」での実験の章 (第2部第17〜22章) は全部訳出することにした。この実験は, ギルバートの数ある実験の中でもとくに人々の注目をひいたと思われるし, 今日的にみても興味深い実験だからである。たとえば, ガリレオは, ギルバートのこの実験にとくに深い関心をいだき, その著『天文対話』でもこれに関する対話にかなりの紙面をさいている。青木靖三氏の訳文によりその一部を引用してみよう。

> **サグレド**　ぼくははじめてギルバートの書物を読んだときから説得されています。そして非常にすぐれた磁石に出会ったときに長い時間多くの観測をしましたが, どれもきわめて驚くに値するものでした。なかでも, 同じ著者の教えている仕方で鎧(よろい)を着せると, それだけ鉄をささえる能力が増大することは驚異に思えます。ぼくは自分のに鎧を着せて能力を8倍にしましたが, こうすると鎧なしにはやっと9オンスの鉄をささえるかどうかであったのが, 鎧を着せると7リブレ以上の鉄をささえました。おそらく, 君も (ぼくがお譲りした) この磁石が大公殿下の回廊で二つの小さな錨(いかり)をささえているのをご覧になったでしょう。

サルヴィアチ　ぼくは何度もそれを見て非常に驚いたものです。しかしわれわれの学士院会員〔ガリレオ自身のこと〕の手にあった小さな磁石はぼくをもっとずっと驚かせました。これは6オンス以上の重さがなく，鎧を着せなければやっと2オンスをささえるにすぎませんが，鎧を着せると160オンスをささえ，したがって鎧を着せると着せないときの80倍も持ち耐え，自分の重さの26倍の重さに持ち耐えることになります。これはギルバートの出会ったものよりずっと大きな驚異です。かれは自分の重さより4倍重いものをささえうる磁石には出会いえなかったと書いています。（ガリレオ・ガリレイ著，青木靖三訳『天文対話』〔下〕岩波文庫，176～177ぺ）

「慈石に鉄のカブトをかぶせてその磁力を増す試み」は，ギルバートやガリレオ以後一つの流行ともなったらしい。ニュートンは鉄の帽子をかぶせることによって，わずか 0.2g の慈石で 48.3g のものまで支えられるようにした小さな慈石を指環にして持っていたという。（P.F.Mottelay 編：*Bibliographical History of Electricity & Magnetism.* 1922. 134ページ）

さて，鉄のカブトをかぶせると慈石の磁力が大幅に大きくなるというこの話は信じがたいことかもしれない。どうしてそんなことが起きるのだろうか。じつはガリレオもそのなぞを解こうと思って，慈石の表面を墓石のようにみがいてその組織をくわしくしらべたりしている（『天文対話』岩波文庫版，下巻179ページ以下）が，私たちを満足させるような答を得ることはできなかった。

じつは，この問題は，磁性体の分子磁石説をもとにしてはじめて説明することができるのである。鉄その他の強磁性体は，全体としては外部に磁力を及ぼさなくても，その部分部分をとれば小さな分子磁石（現代的にいえば磁区）になっている。ただその分子磁石（磁区）のNSの方向がばらばらなので，全体としては磁力を示さないわけである。ところが外部から磁力が加えられると，それらの分子磁石の向きが一方にそろうようになる。そこで，外部から加えられた磁力よりも強い磁力をもつようにもなるのである。

そのような場合のもっとも顕著な例は電磁石である。紙筒に電線をコイル状に巻いて電流を通すと，コイルが磁石のようにふるまうようになるが，その磁力はいたって弱い。しかし，そのコイルの中に鉄の棒を入れると，その磁力は何百倍にも強くなる。コイルに流れた電流によって生じた磁力によってコイルの中の鉄芯の分子磁石の方向がそろい，それで強力な磁石になるわけである。

ところで，「慈石つまり天然磁石の磁力」はそれほど強いものではない。ふつうの鉄は他の鉄を吸いよせたりしないけれども，その近くにある鉄の分子磁石がそろって同じ方向を向いたときの方がずっと強い磁力を示すようになる。そこで，天然磁石に鉄の帽子をかぶせると，電磁石の場合のように磁力が大幅に増すのである。慈石の磁力が増すのではなく，慈石のまわりの鉄が慈石のために磁化されて，元の慈石よりも強い磁性を示すわけである。

この実験は，金属製の人工磁石を用いてもできない。金属磁石の場合は，磁石そのものの分子磁石がすでに一様な方向を向いているので，それに鉄の帽子をかぶせても何ら得ることはないからである。しかし，「〈フェライト磁石〉というまっ黒い色をした人工磁石」なら，天然磁石の場合と全く同じような現象をみることができる。フェライト磁石の基本成分は天然磁石（慈石）と同じ酸化鉄で，磁力を保持する力（保磁力）は強いが，同じ磁場をかけたときの磁力そのものは一般に鉄などの磁性体よりかなり劣るのである。だから，フェライト磁石に鉄の帽子をかぶせると，その磁力はかなり大きくなる。じっさい，現在マグネット鋲な

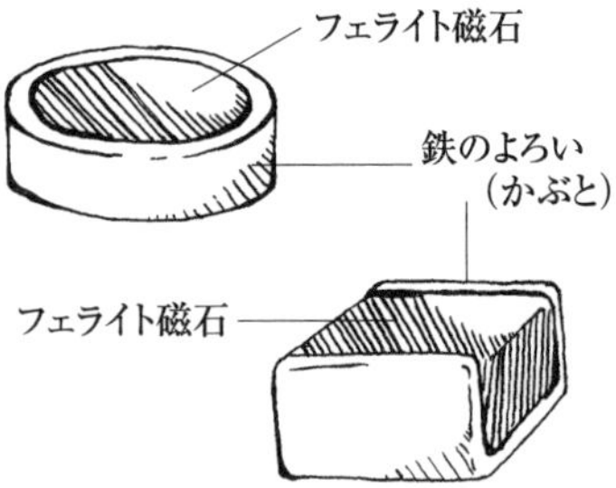

どに使われているフェライト磁石を見ると，図のように鉄の帽子のかぶせてあるものが見つかるであろう。

そういうフェライト磁石があったら，釘かなにかをその磁石に近づけてみるとよい。黒いフェライト磁石の本体のところよりも，それを囲んでいる鉄の部分の方が釘を強く引くことがわかるだろう。

鉄の帽子をかぶせたフェライト磁石がなくても，フェライト磁石さえあれば次のような奇妙な実験をしてみることもできる。まず，フェライト磁石に釘か何か小さなものを吸いつけさせる。それから，もう一本の釘かなにかを手でもって，すでに磁石に吸いついている釘にふれるのである。そうすると，２本の釘は磁力を及ぼしあって互いに引きあうのが感じられるであろう。そうしたら，手にもった釘を静かに上に持ち上げることにする。そうすると，上の釘につながっている下の釘はどうなるだろうか。

——釘の大きさなどにもよるが，たいていの場合，まずまちがいなく下の釘は磁石にくっつかずに上の鉄釘にくっついてきてしまうであろう。フェライト磁石の近くにある釘は，一時的にせよそのフェライト磁石よりも強い磁石になってしまうので，二つの釘同士の結合の方が強くなるのである。

私は同じ実験をパチンコ玉でもやってみたが，みごとであった。３～４個のパチンコ玉をフェライト磁石の上にくっつけておいて，手に持った１個のパチンコ玉をその上にのせて，珠数つなぎにして上からさらっていくのである。パチンコ玉なら，ふつう，もう１個のパチンコ玉をつるせるほど強い永久磁石にはならない。だから，珠数つなぎになったパチンコ玉を下にあるフェライト磁石からある高さ以上に持ち上げると，磁力が弱まって重力のほうが勝ち，手に持ったパチンコ玉以外のパチン

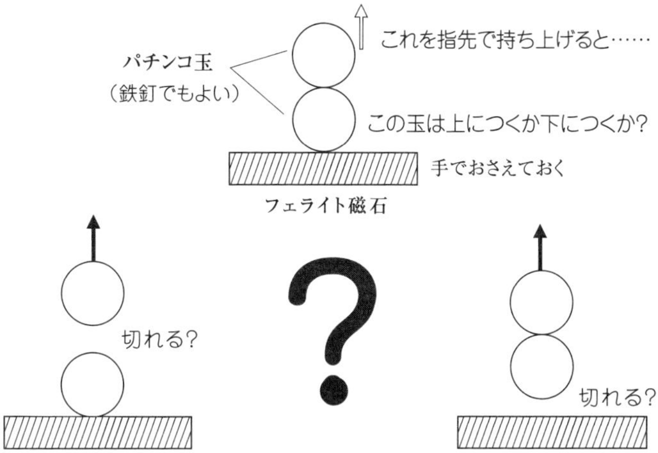

コ玉はみな下に落ちてしまう。それで，パチンコ玉がつながっていたのは下のフェライト磁石の磁力のおかげであって，パチンコ玉が一時的に磁石になっていたということがわかるのである。

じつは，私はある人からたまたま，フェライト磁石を使うとこのようにおもしろい実験ができる，という話をきいて大いに興味をそそられたのだが，それから，念のためギルバートの鎧装慈石の実験を読んでみた。そうしたら，何のことはない。全く同じような実験がでているではないか。このような実験は，「磁石といえば金属製の人工磁石ばかり」という時代にはできないことであったが，フェライト磁石が出まわってから再びできるようになったのである。

この実験は，磁気誘導現象や分子磁石（磁区）の概念を教えるのにたいへん効果的だと思う。私はこの実験を科学教育の場にもっと広く定着させたいと考えている。そのこともあって，ギルバートのこの実験のところを全訳することにしたのである。科学の古典は科学教育を研究する上でもたいへんな宝庫であることが，ここでも証明されたことになる。

『慈石論』の全目次と図版のすべて

はじめにも断ったように，この訳書はギルバートの『慈石論』の全訳ではなく，わずかに原本の10分の１あまりを訳出したにすぎない。そこで，原本の目次全部を示して，ここに訳出した部分が全体の中でどんな位置を占めるのか明らかにし，ここには訳さなかった部分ではどんなことが論じられているのか，およその見当をつけるのに役立たせることにした。

ところで，これもはじめにも断ったように，原本の各章の長さは極端にちがっている。そこでただ目次を訳出しただけでは，かえって原本全体の構成を見誤るおそれがある。そこで，各章の長さがわかるように，表題のあとにその章の本文の行数（図版の部分を含む）を付記することにした。また，そのあとにその章に付されている大小の星印をその数だけ並べておいた。これでギルバートの『慈石論』の全体をうかがっていただければ幸いである。

また，『慈石論』には図版がたくさんあって，章の見出しとその章の図版とを見あわせただけで，その章に書かれていることの内容が推察しうるものもある。そこで，この目次にはその章に入っている図版を全部，いくらか縮小して収録することにした。章の表題と図版だけではその内容を推察しがたいものもあるが，内容をうかがうのに少しは役立つし，これらの図の多くは眺めるだけでもたのしいものだからである。また，鉤(かぎ)カッコ〔　〕の中の文章は，授業，とくに仮説実験授業を実施している人々のための注記である。章の番号を○で囲んだ章は，全文を本書に訳出した章である。

本書は全体が６部（Liber，Book）にわかれているが，その各部には表題がつけられていない。それでは本書全体の展望をつかむのに不便である。しかし，おおまかにいって，各部の最初の章の表題はその部全体の内容を代表しているようにも思われるので，各部の第１章の表題を太字にした。その他でも全体を見わたすのに便利なように，ところどころ太字にしておいた。

なお，『慈石論』のはじめには，本書に訳出したギルバートの自序のほかに，エドワード・ライトという人の書いた序文（賛辞）がのっている〔184行分〕。その表題は「高貴にして学識のあるウィリアム・ギルバート博士——ロンドン中でもっとも名高い医学のドクターにして慈石哲学の父——へ。エドワード・ライトのこの本の主題を讃えることば」というものである。そのあとに１ページの「術語の説明」があって，本文の目次になるのである。

第 1 部
(Liber. 1. ＝ Book. 1)

① **慈石**（Magnes，Loadstone=しるべ石）**について古代人と近世人の書いたこと**――言及だけのものも含む。そのさまざまな意見とむなしさ。〔266行〕★

2. 慈石とはどんな石か――その発見について。〔133行〕

③ 慈石は，その自然の能力のきわだっている部分，すなわちその性質の顕著な極（polos，pole）を有する。〔78行〕★★

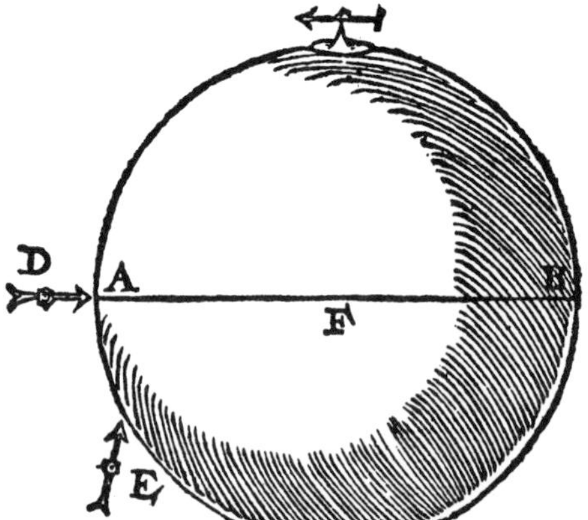

4. この石のどちらの極が北であるか。それはどのようにして南の極と区別されるか。〔47行〕★★

⑤ 慈石は，他の慈石と自然な位置関係にあるときには引っぱるが，逆の位置関係にあるときはそれを退け，自然の位置にもどす。〔84行〕

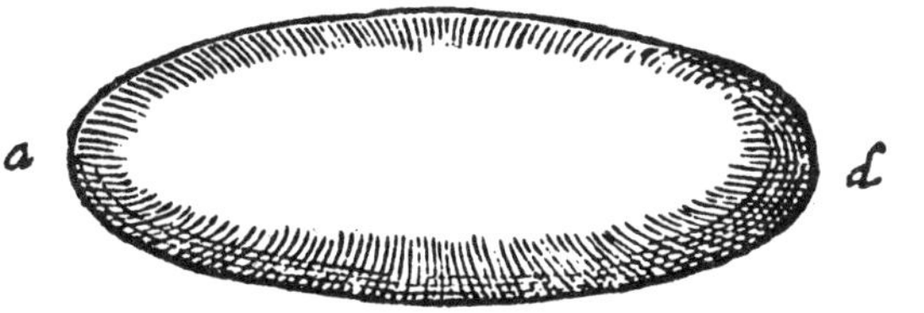

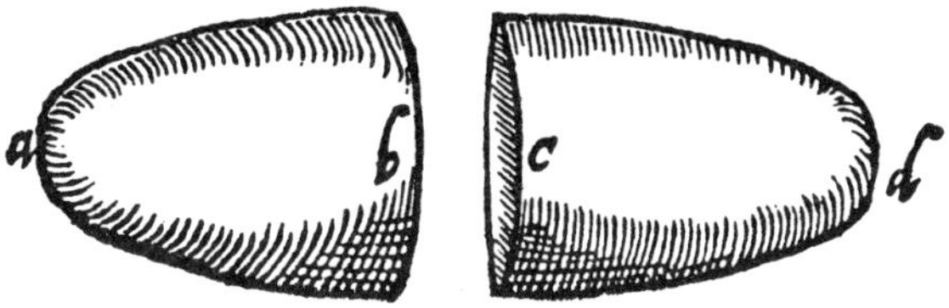

6. 慈石は，鉄鉱石も，本来の鉄，鋳鉄や錬鉄も引きよせる。〔32行〕
7. **鉄とは何か**。どんなものから出来ているのか，またその利用法。〔226行〕
8. 鉄はどんな国，どんなところに産出するか。〔86行〕
9. 鉄鉱石（Vena ferri）は鉄鉱石を引きよせる。〔19行〕★
10. 鉄鉱石は極をもっていて極を求め，世界の極の方に向く。〔21行〕★
11. 錬鉄は慈石に励起されなくても鉄を引きよせる。〔40行〕★

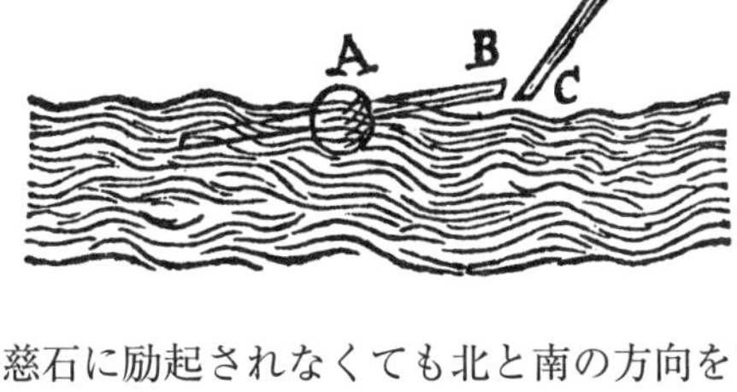

12. 細長い鉄は慈石に励起されなくても北と南の方向を向く〔36行〕★★
13. 錬鉄は自らの中に北と南の部分つまり磁気的な活力や回転性，一定

の磁極をもっている。〔22行〕★

14. 慈石のその他の性質，その医療能力について。〔43行〕

15. 鉄の医療的な働き。〔91行〕

16. 慈石と鉄鉱石とは同じもので，鉄は（他の金属がそれ独自の鉱石から抽出されるように）慈石と鉄鉱石のどちらからも抽出される。そして，磁気的な力はすべて，弱いとはいえ鉄鉱石やそれが融かされてできた鉄にも存在する。〔125行〕★★

17. 大地の球は磁性体であって，一個の慈石であるということ。——われわれの手の中のマグネスの石（magnes lapis）は，いかにあらゆる大地の主要な力をもっているか。地球はその力によって，この世界の一定方向を向いているのである。〔171行〕

第　２　部

1．磁気的な運動について（De motionibus magneticis）〔40行〕

② 磁気的な接合（coitio）について。それに先立ってまずコハクの吸引について，すなわちより正確にいえば，コハクに物体が吸いつくことについて。〔537行〕

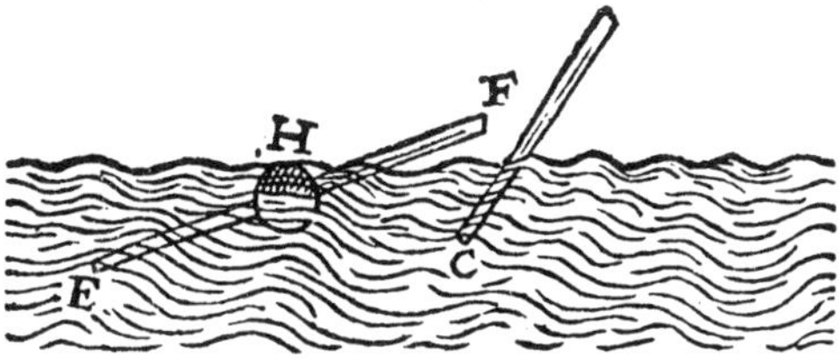

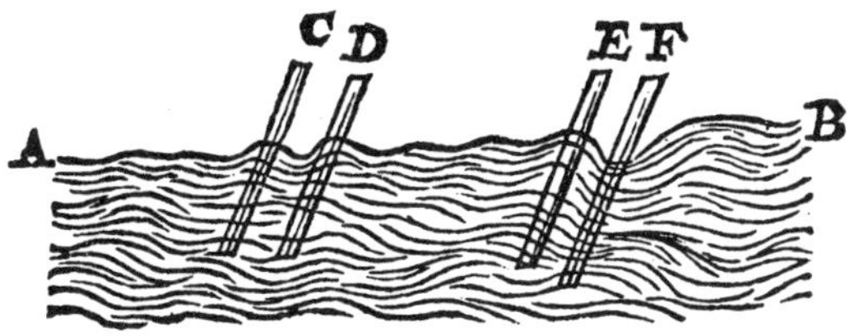

3. 磁気的は接合――それは吸引（attractione）とよばれているが――についての他の人々の意見。〔158行〕

4. 磁石の力と形相について。それは何ものか，また，その接合の原因について。〔247行〕★★★★★★

5. この力は慈石の中にどのように宿っているか。〔142行〕★

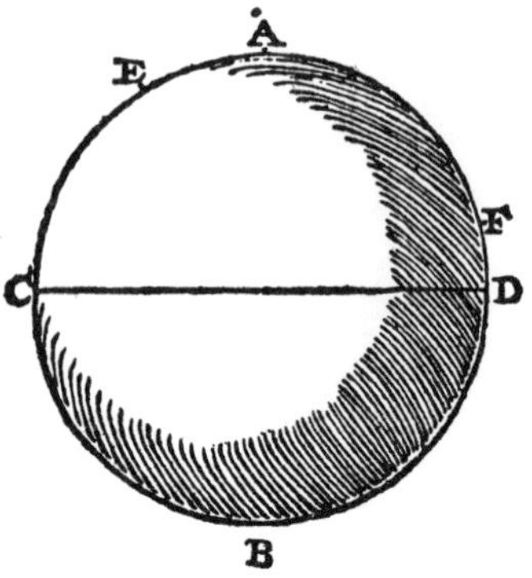

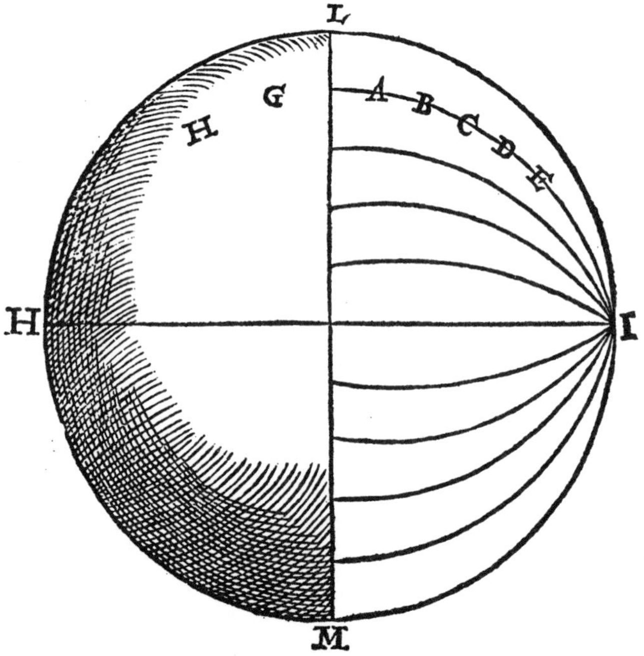

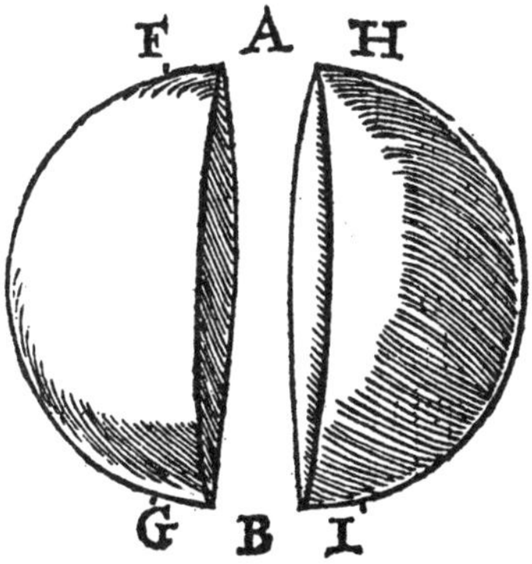
F
A
H
G
B
I

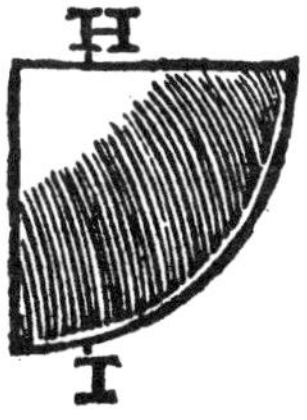
H
I

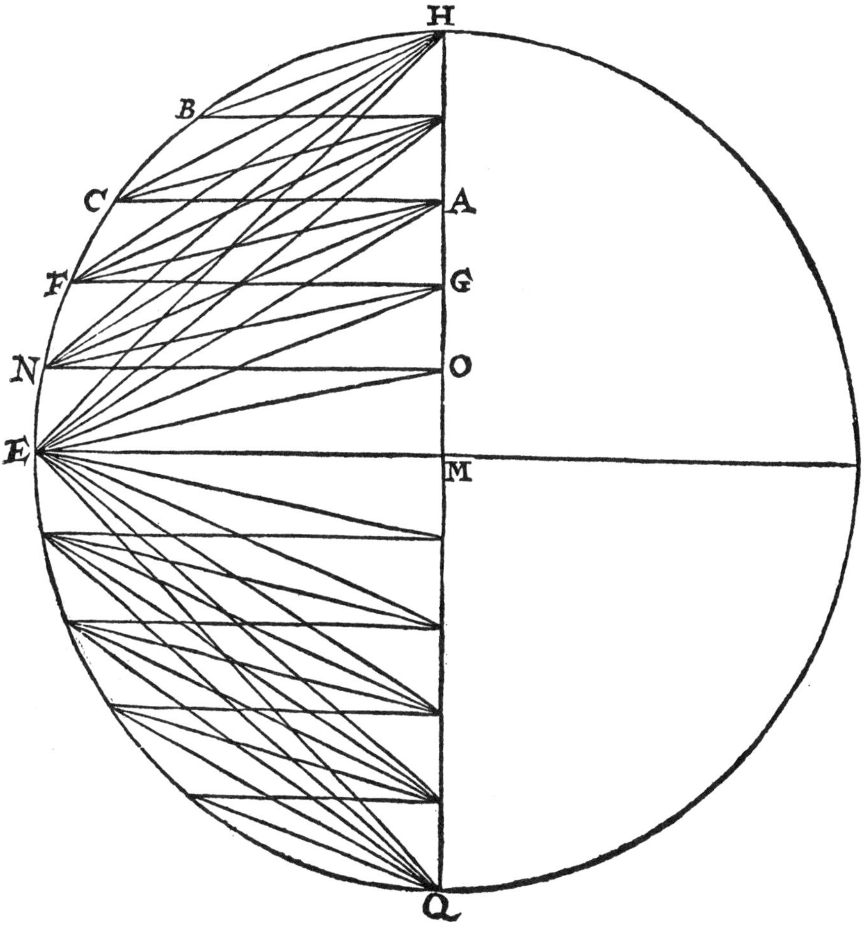
H
B
C
A
F
G
N
O
E
M
Q

6. 磁化された鉄片や小さな慈石は，どのようにしてテレラ（terrella 小地球——地球のモデル）や地球そのものにしたがい，またそれらによっていかに配置せられるか。〔40行〕★

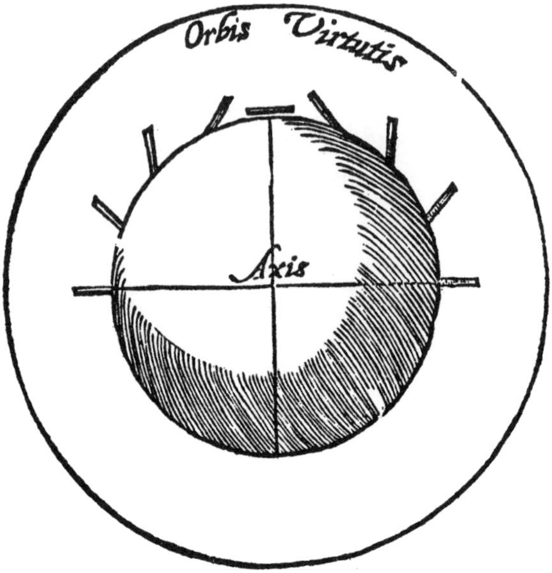

7. 慈石の力の能力について，および天の軌道にまで拡がりうるその本性について。〔40行〕

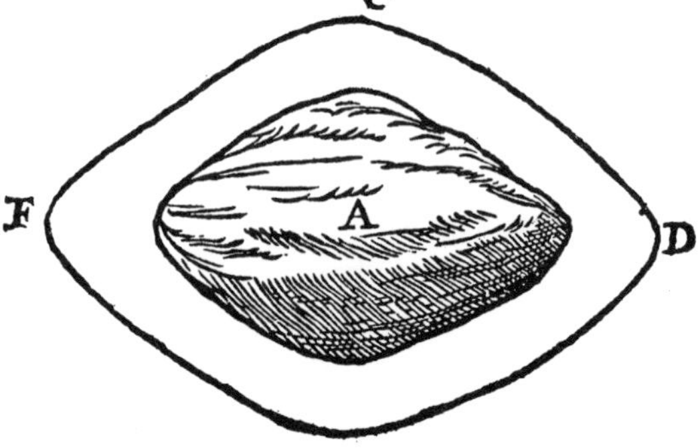

8. 地球およびテレラ〔地球のモデル〕の地理学について。〔27行〕

9. 地球およびテレラの昼夜平分線について。〔14行〕
10. 地球の磁気の子午線。〔14行〕
11. 磁気の緯度線。〔9行〕
12. 磁気的地平線。〔18行〕
13. 地磁気の極と軸について。〔12行〕
14. 〈極と赤道の間の部分〉よりも極ではなぜ接合が強いのか。地球とテレラのいろいろな部分での接合力の比率について。〔50行〕

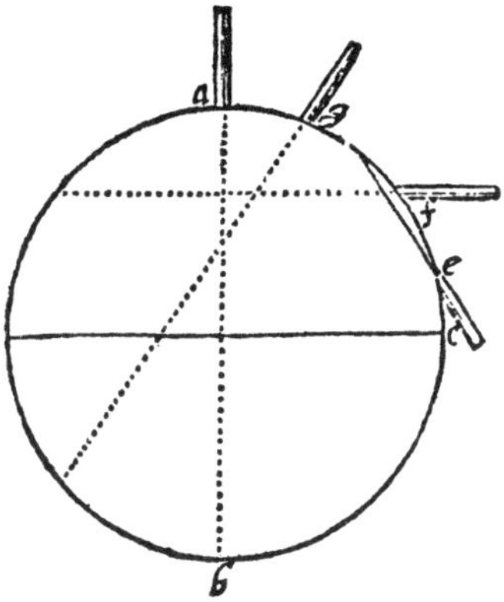

15. 鉄の中にやどる磁気力は，まるい鉄や，四角い鉄などよりも，棒伏の鉄のときが一番顕著である。〔11行〕★
16. 間に固体があっても，磁気力による運動が生ずること，および鉄の板を間に入れたときのこと。〔113行〕〔授業書《ばねと力》の第２部・問題４で再現されている実験である〕★★★★★★★　〔図は次ページ〕
⑰ （その力を増すために）慈石の極の上に武装させる鉄の兜（cassida ferrea）とその効果について。〔27行〕★
⑱ 武装した慈石（Magnes aramatus）が鉄片を励起して与える磁力は，裸の慈石が与える力よりも大きいということはない。〔8行〕★
⑲ 武装した慈石との結合はより強いので，より重いものを持ち上げられるようになる。けれども接合は強くなく，一般にはむしろ弱い。〔8行〕★

〔第16章の図〕

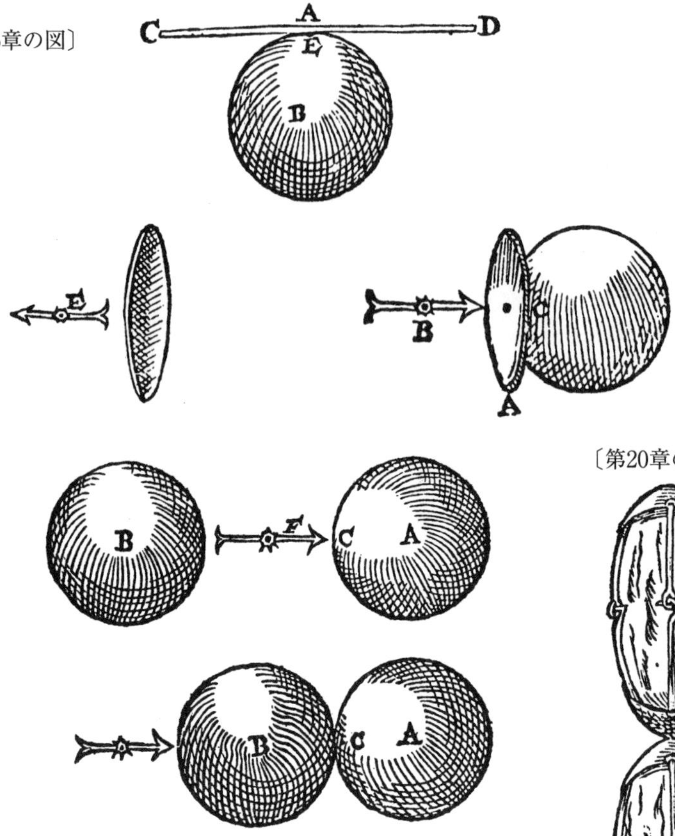

〔第20章の図〕

⑳　武装した慈石がもう一つの武装した慈石を持ち上げ，それがさらに第三の武装慈石を持ち上げるというようにつづけていくことができる。もっともこの場合，その力ははじめよりいくらか弱くなる。〔8行〕★〔右図〕

㉑　紙その他のものを間にはさむと，武装慈石も，裸の慈石より多くのものを持ち上げられない。〔6行〕★

㉒　武装された慈石が裸の慈石よりも多く鉄を引くのではないということ。及び，武装されたものは鉄により強く

結びつけられるということは，武装された慈石と磨いた円筒状の鉄とを用いることによって示すことができる。〔33行〕　★★★★★★★（右端図）

23. 慈石の力は一体化に向かって運動をおこし，一体化したものをしっかりと結びつける。〔28行〕★★★★★★★

24. 慈石の圏内（oribs magnetis）におかれた鉄片は，何らかの障害によってそれと接近できなくされているときには，空中にぶらさがる。〔25行〕　★★
〔仮説実験授業の授業書《ばねと力》の第１部・問題１に採用されている実験である〕

25. 慈石の力を高めること〔79行〕★★

〔第22章の図〕

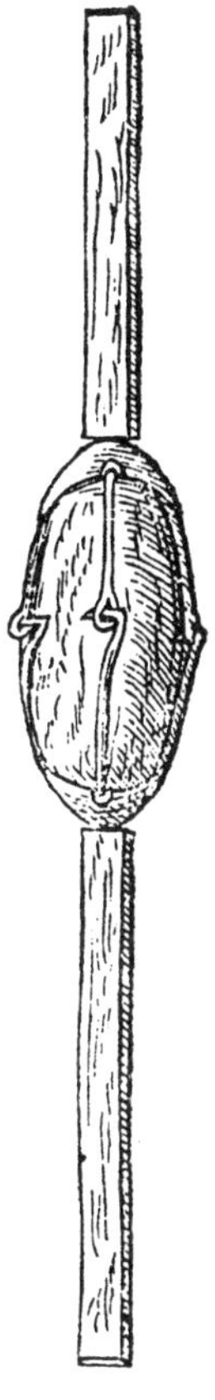

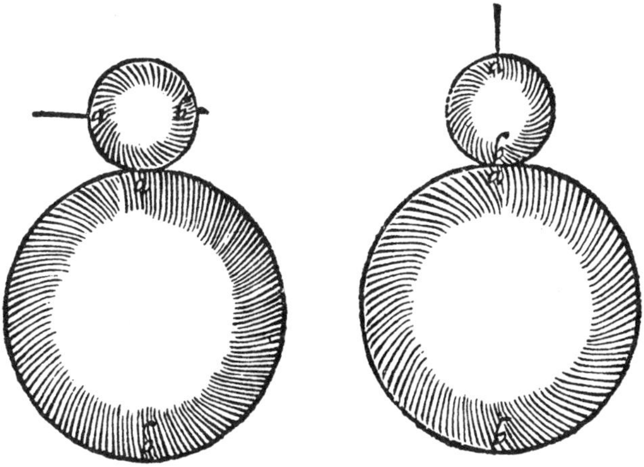

26. 鉄と慈石の間には，慈石と慈石の間（や鉄が慈石に近づけられてその力の圏内にあるときの鉄と鉄との間）よりも大きな愛（amor）があるように思われるが，それはなぜか。〔35行〕

27. 地球における磁気力の中心は地球の中心である。そして，テレラにおいては石の中心である。〔16行〕★

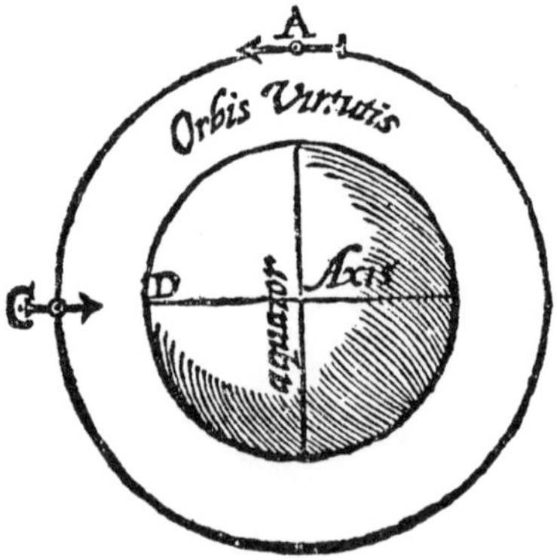

28. 慈石は磁性体をきまった点つまり極のところに引きよせるだけでなく，その赤道地帯を除くあらゆるところに引きよせる。〔17行〕

29. 力の強さのちがいは，量つまり大きさによる。〔37行〕★★★★

30. 鉄の形と大きさとは，接合の際にもっとも重要なものである。〔16行〕★

31. 細長い石とまるい石とについて。〔17行〕★

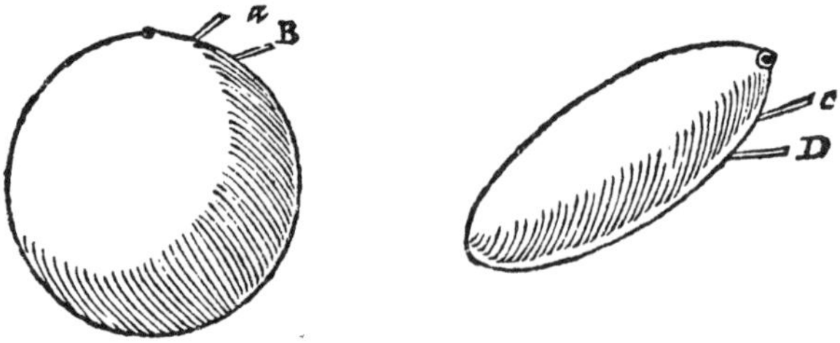

32. 磁気的な物体の接合と離反，および規則的な運動についてのいくつかの問題と磁気的実験。〔146行〕★★★★★★★★★★★★★★★★★★★★

〔図は次ページ〕

33. 力の圏内に於る接合の強さと運動の変化する割合について。〔48行〕★★★★

34. 慈石はなぜその極において異った比率で強いのか，北の領域でも南の領域でも。〔81行〕★★★ 〔図は次ページ〕

〔第32章の図〕

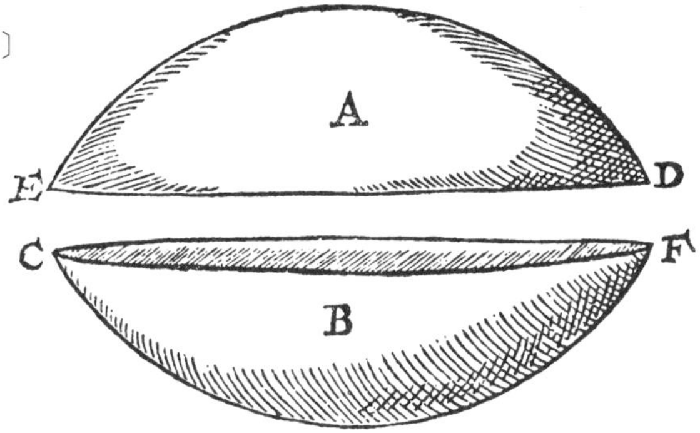

〔第32章の図〕

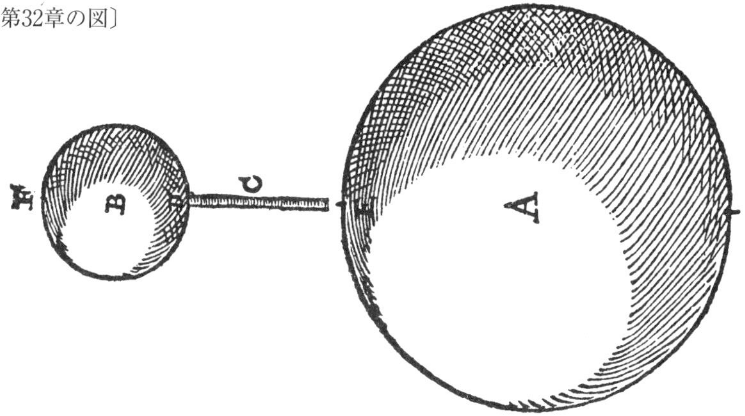

〔第34章の図〕

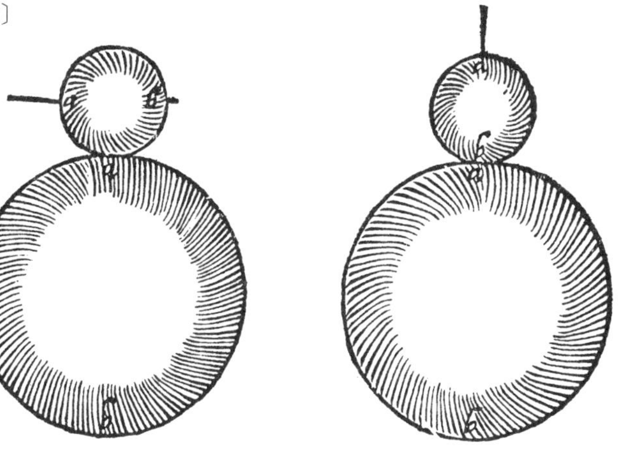

〔第34章の図〕

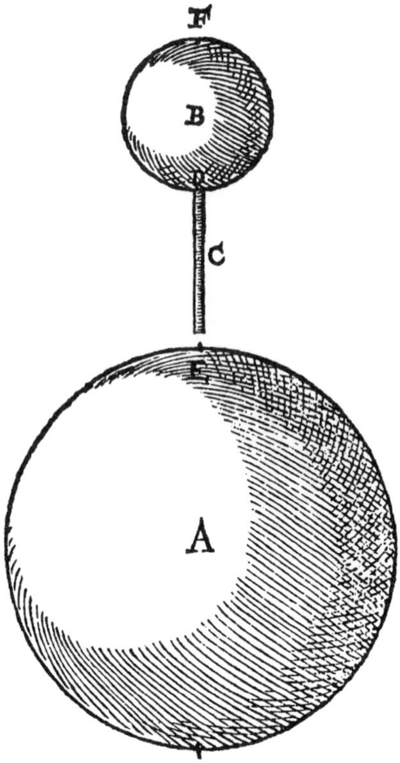

35. 何人かの著者たちによって言及されている（慈石の吸引力を利用した）永久運動機関について。〔18行〕
36. 強力な慈石はどうすれば見わけられるか。〔31行〕
37. 慈石の，鉄を引きよせるものとしての用途。〔18行〕
38. その他の吸引する物体について。〔106行〕
39. 相互に反発する物体について。〔47行〕

第 ３ 部

1. **指向性について**（De directione）〔152行〕★★

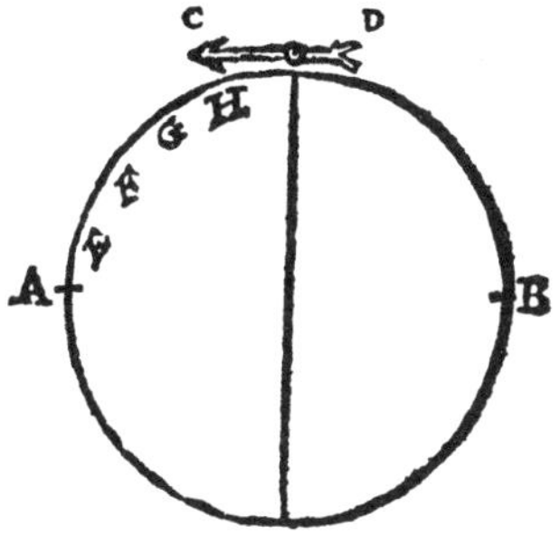

2. 目標に向ける力あるいは回転させる力（これを回転性verticitaとよぶ），それは何ものか。それはいかにして慈石の中に存在するのか，それは生まれついたときにどのようにして得られるのか。〔146行〕

★★★★★★

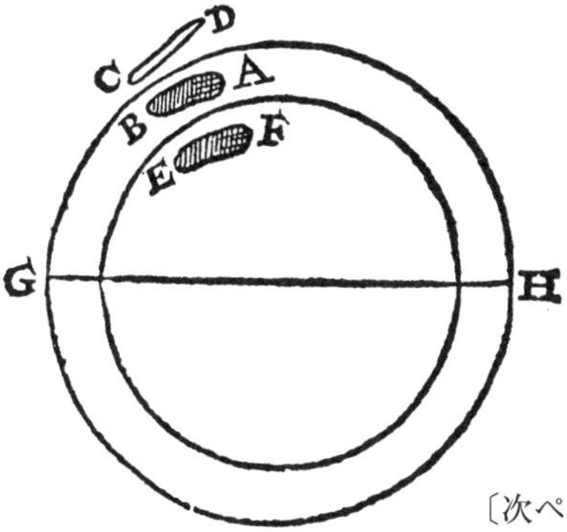

〔次ページの図も第2章〕

〔第2章の図〕

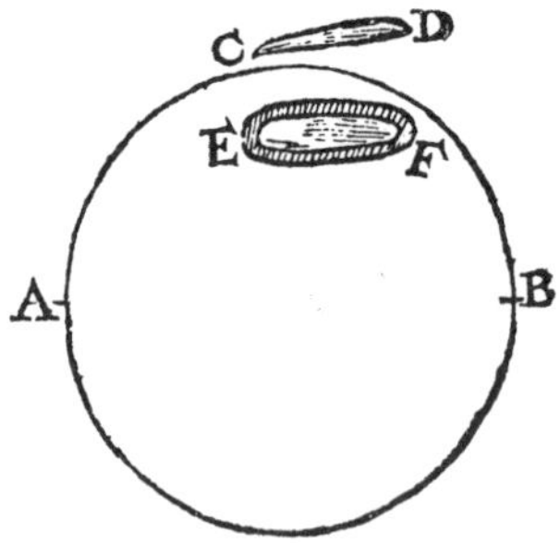

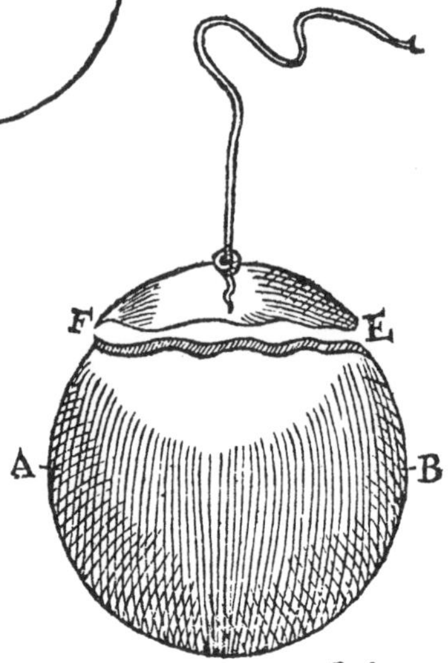

L j.

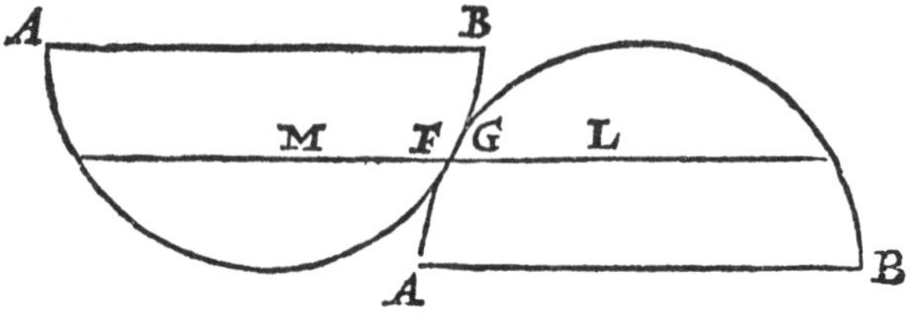

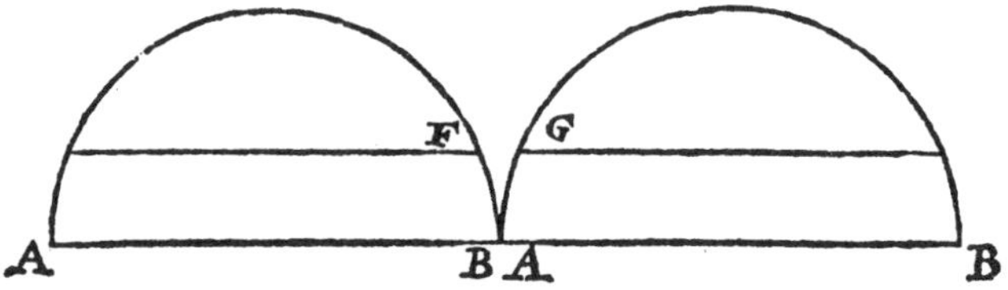

3. 鉄はどのようにして慈石によって回転性を得るか。また，いかにしてその回転性を失ったり変えたりするのか。〔74行〕★★★★★★★

4. 慈石にふれた鉄は，なぜ反対の回転性を得るのか。そして，なぜ石の北斗七星側にふれた鉄は地球の北の方に回転し，南側にふれた鉄は南の方に回転するのか。これまで慈石について書いた人はこの点でみんなまちがって考えているのだが，この石の北側の点でこすられたときには，南へ回転せず，南側の点でこすられたときには北へ回転はしないのである。〔152行〕★★★★★★★★

〔次ページの図も第4章〕

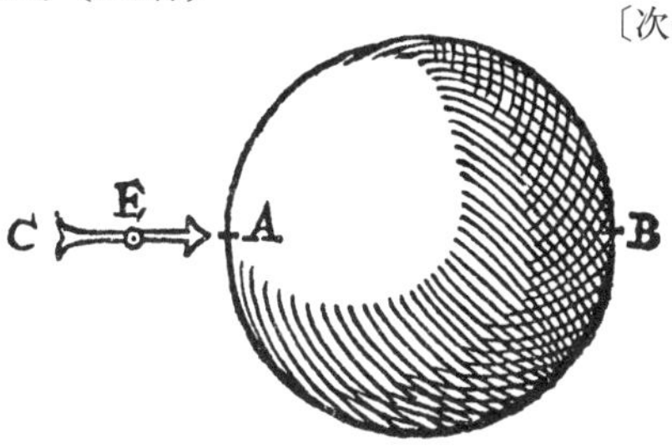

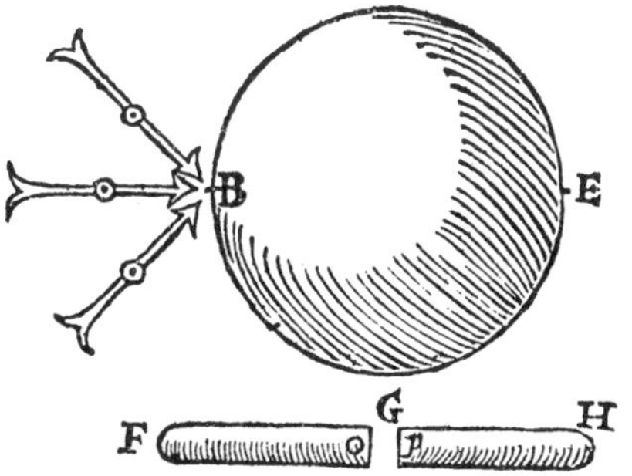

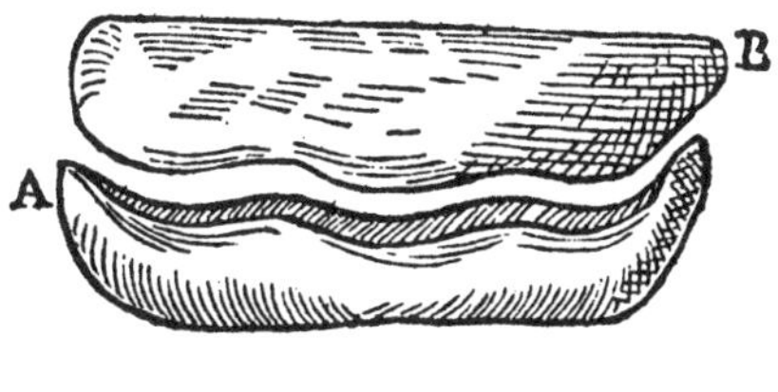

〔第 4 章の図〕

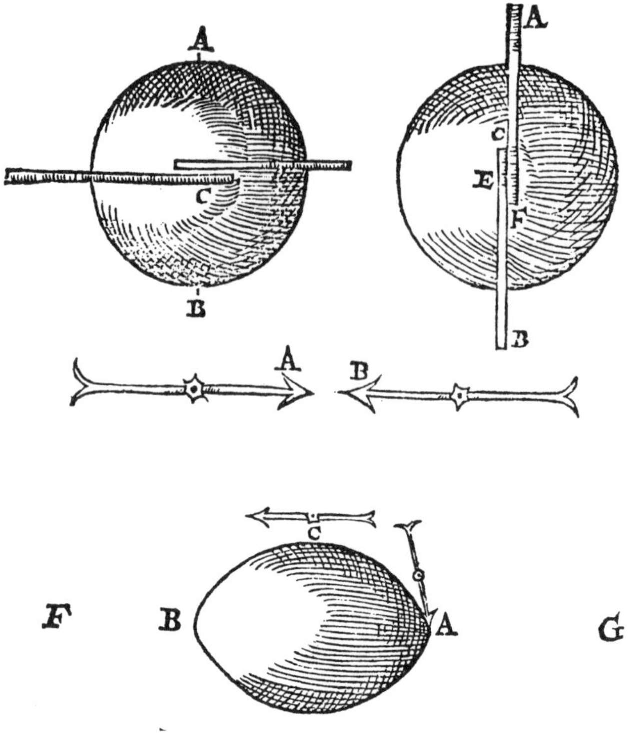

5. いろんな形の鉄の接触について。〔14行〕★★★

6. 磁性体の相反運動と思われるものも，じつは合体に向かう本来の運動である。〔48行〕★★★

〔第６章の図〕

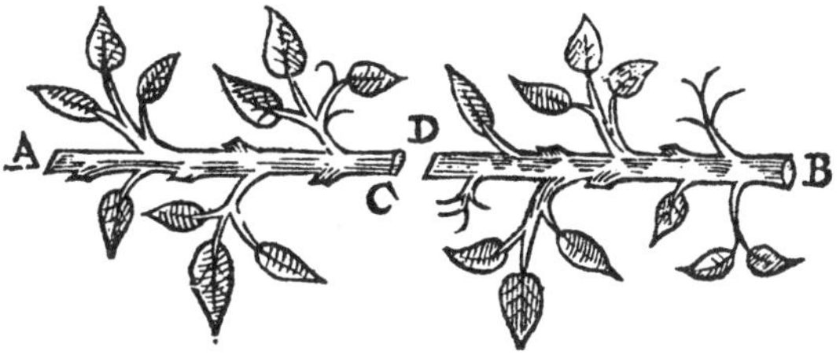

7. たしかな回転性と配列する能力とは磁性体を並べるものであって，それらを引きよせたり，引っぱり合わせる力でもなければ，単なる強力な接合や統合でもない。〔34行〕★★★

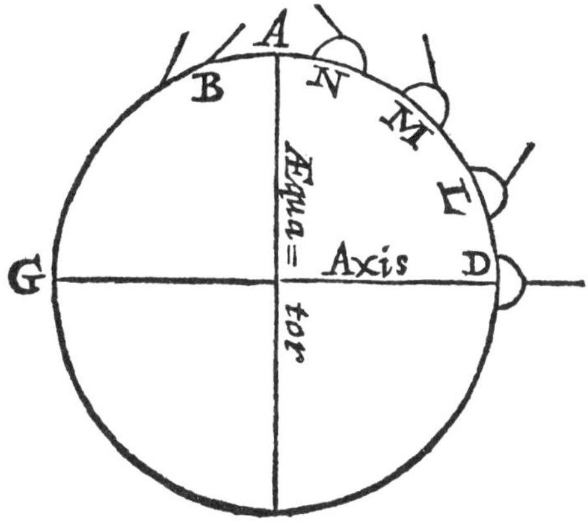

8. 慈石の同じ極の上にある鉄片同士の仲たがいについて。それらの鉄片はどのようにすると和解してくっつきあうか。〔55行〕★★★★

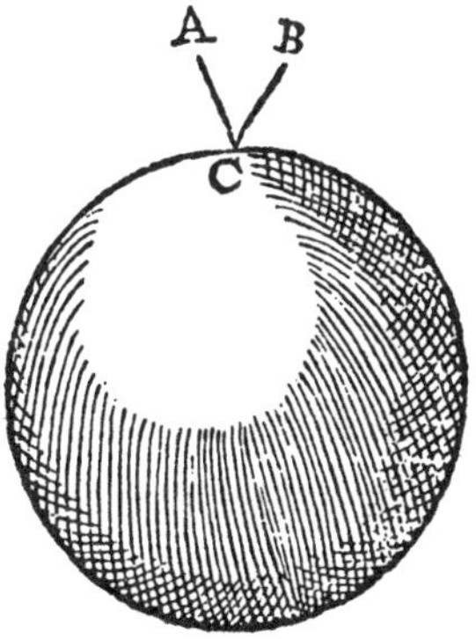

〔次ページの図も第８章〕

〔第8章の図〕

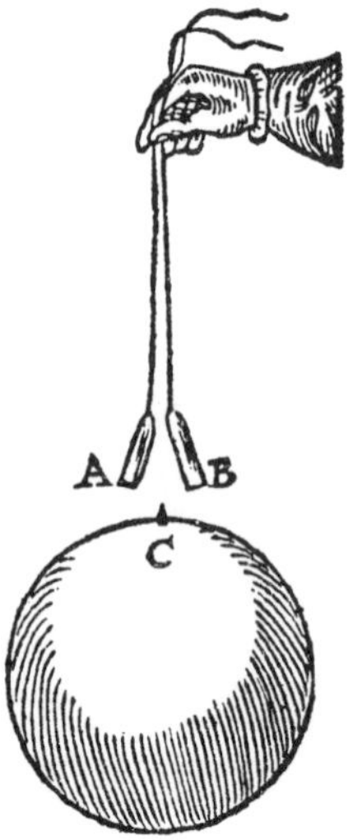

9. 指向性を示す図と回転の多様性を示す図。〔118行〕★★★

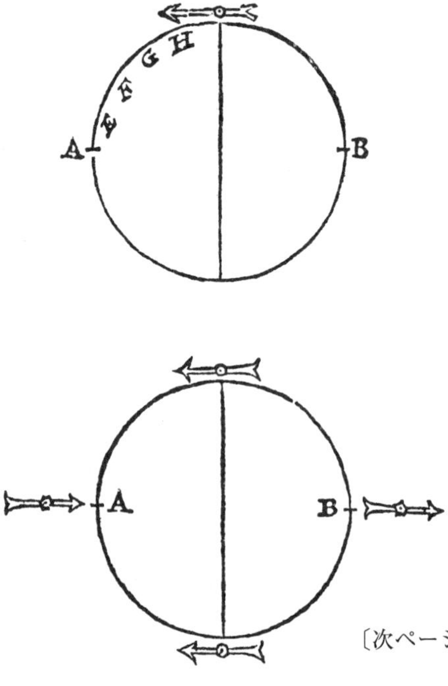

〔次ページの図も第9章〕

〔第９章の図〕

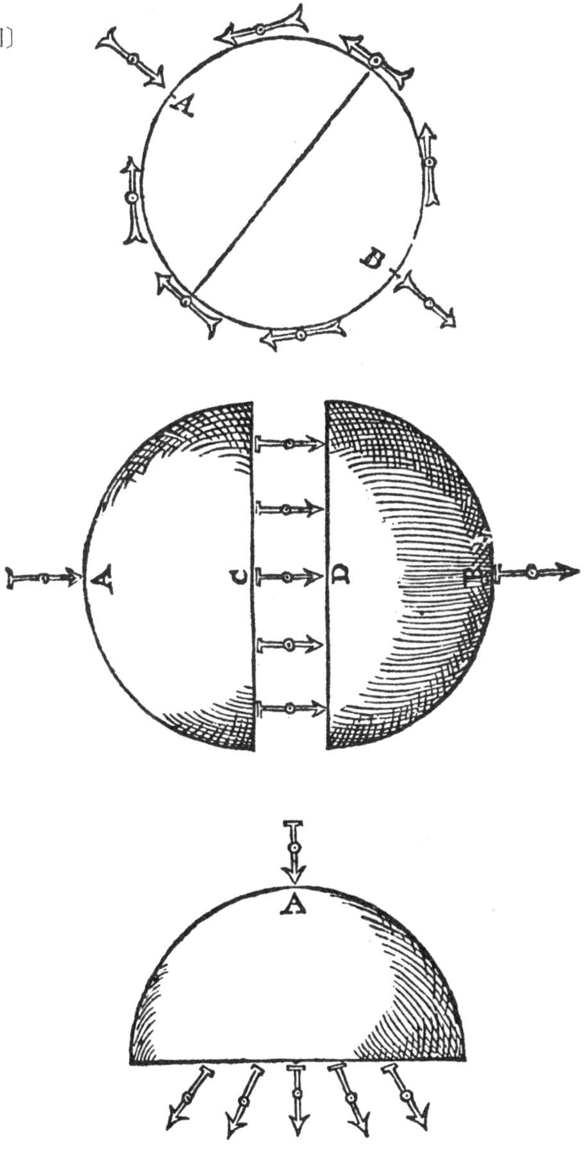

10.　回転性および磁性体の性質の変換について，すなわち慈石によって励起された力の変化について。〔47行〕★★★★

11. 慈石の二つの極の中間の場所，つまりテレラの昼夜平分線の上で鉄片をこすることについて。〔11行〕★

12. 熔融された鉄の中には，慈石によって励起されなくても，どんな仕方で回転性が存在するようになるのか。〔136行〕★★★★★★★★★★★

13. 磁性体以外の物体は，慈石でこすられても回転性を付与されることがないのはなぜか。また，磁性体でなければどんな物体も，その力をしみこませたり励起したりすることができないのはなぜか。〔42行〕★

14. 平衡に吊るされた磁性体の上や下に慈石をおいても，その磁性体の力と回転性のいずれも変化させることはない。〔18行〕

15. 一個の慈石の中では，その極と赤道と中心とはいつまでもそのままの位置を保つが，その慈石の一部をけずったり分離すると，それらの位置が変わる。〔59行〕★★

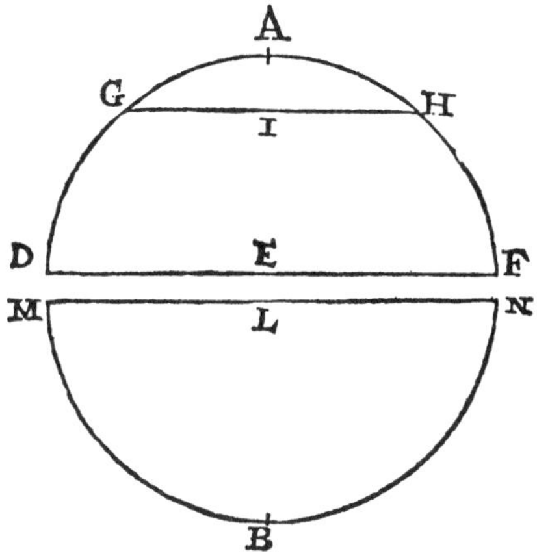

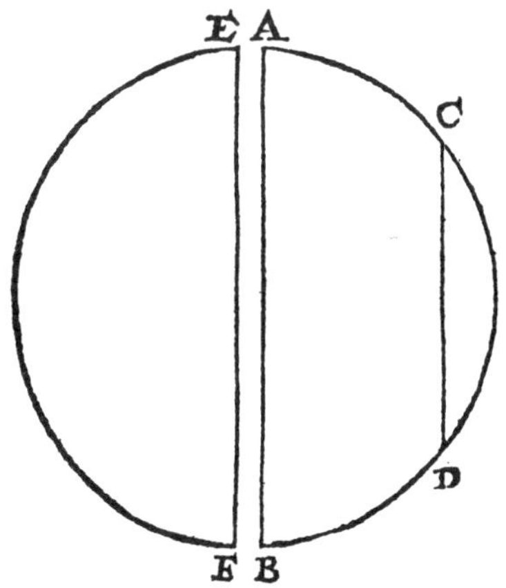

16. 石の南側の部分が減らされると，北側の部分の力もいくらか取りさられる〔13行〕

17. 回転針の利用と便利さとについて——日時計の針として用いられる鉄の回転針や羅針盤の細い針がより強い回転性を得るようにするには，それらの針をどのようにこすればよいか。〔140行〕★★★★

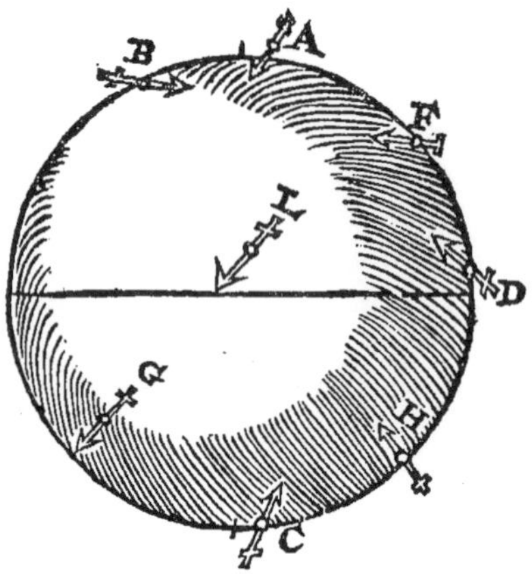

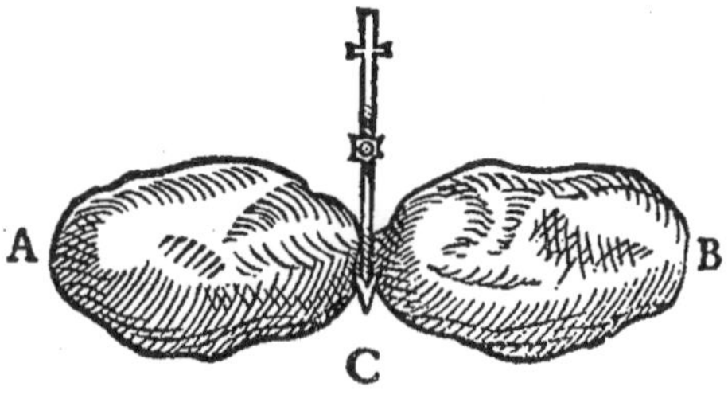

第　4　部

1. **偏差について** (De variatione)〔ギルバートは variation という術語を用いているが，これは今日の declination に当たる。ギルバートが declination というのは，今日の dip 伏角に当たる。ここでは内容的に訳しておいた〕〔135行〕★★★★★
2. 偏差は大地のつき出ている部分が不均一であることに起因するということ。〔152行〕★★★★★

〔129ページの上図まで第2章の図〕

〔第2章の図〕

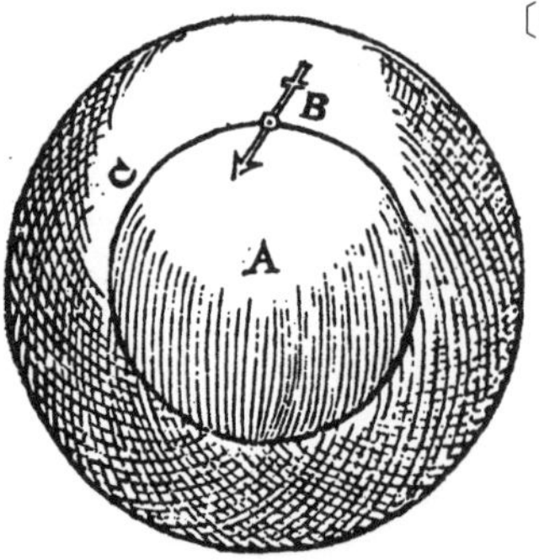

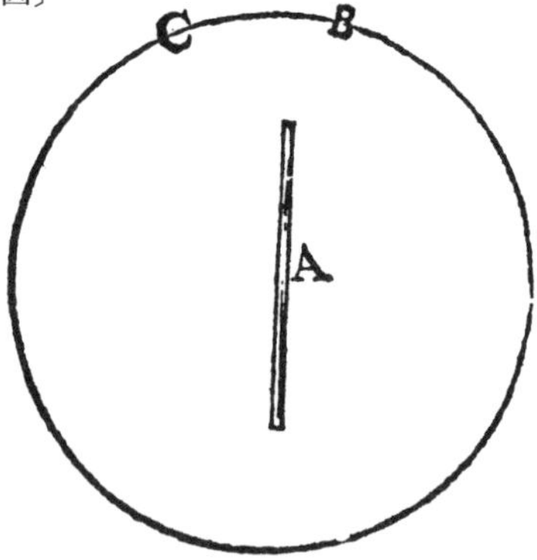

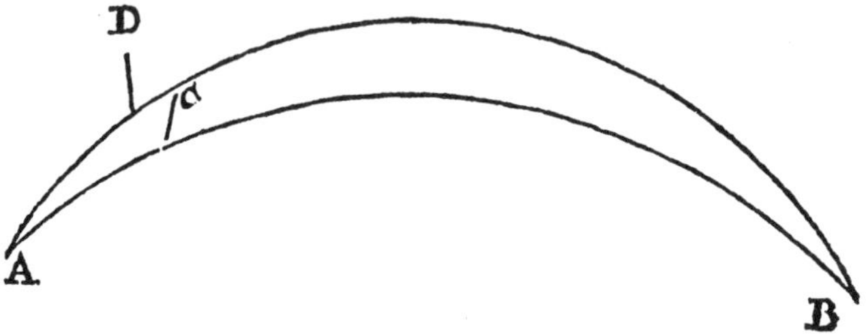

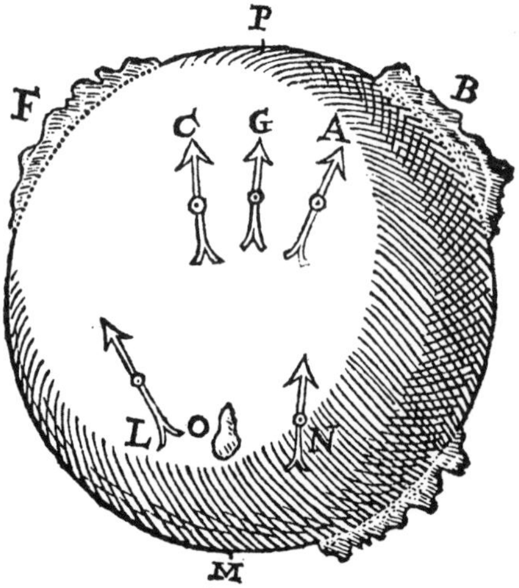

O j.

〔第２章の図〕

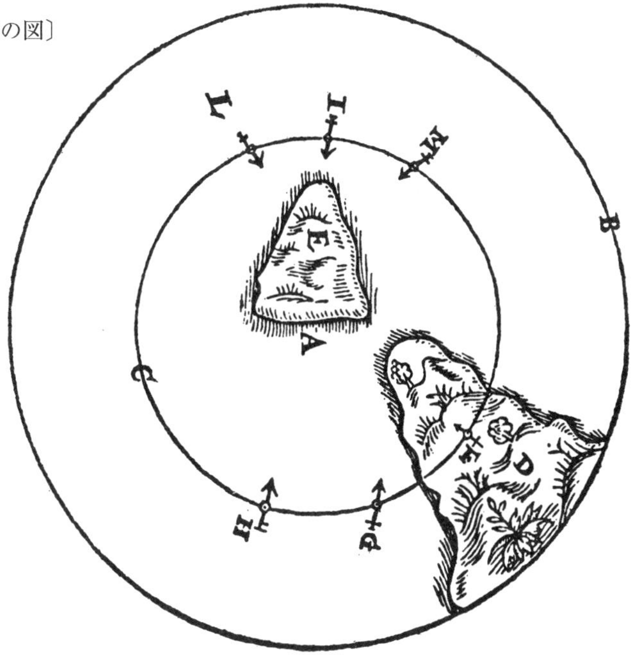

3. 一定の場所での偏差は一定である。〔いまでは，永い年月の間にかなり変化することがわかっている〕〔37行〕

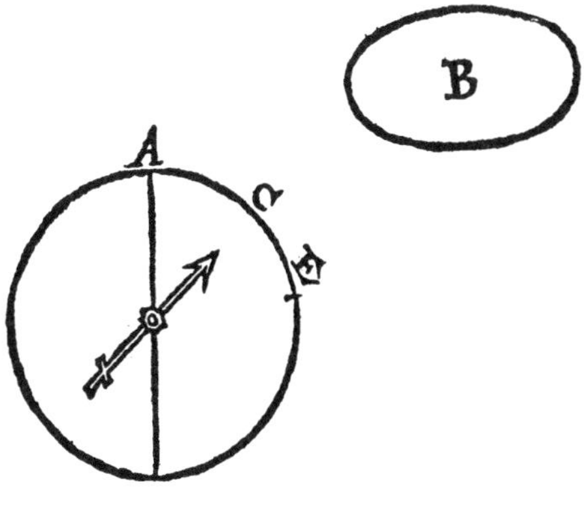

4. 偏差の弧はその場所の距離に比例して一様に変化しない。〔19行〕★

5. 太洋の真中の島は偏差を変化させることはないし，慈石の鉱脈もそれを変化させない。〔18行〕

6. 偏差と指向とは大地の配置力と磁性本来の回転への傾向とから生ずるのであって，吸引や交接やその他のオカルトな原因によって生ずるのではない。〔60行〕★

〔第6章の図〕

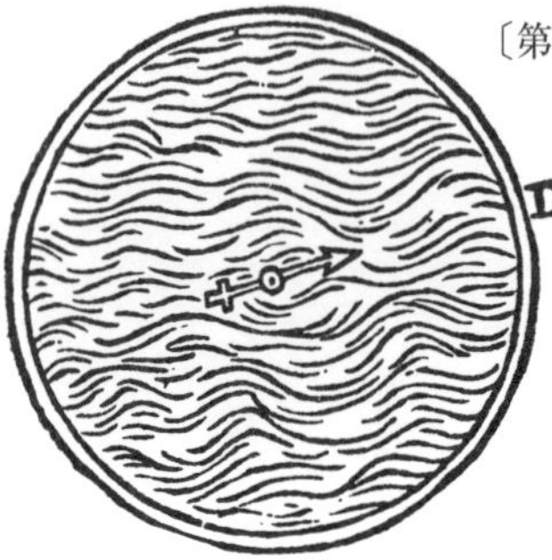

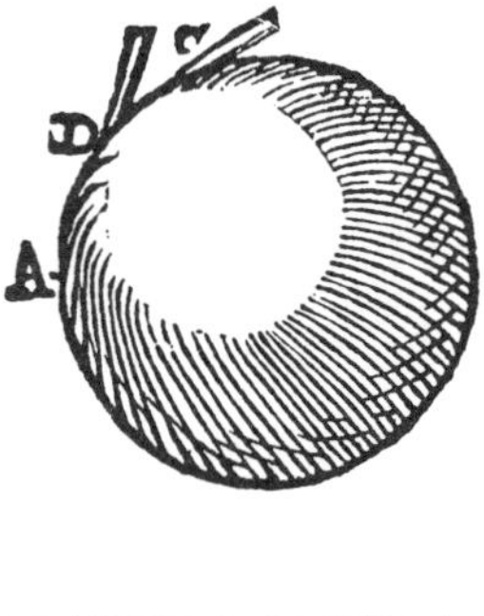

7. 横からの原因による偏差はこれまで観察されてきたものよりも大きくなく，極付近を除けば羅針盤が二つの目盛を指すようなことはめったにみられないが，それはなぜか。〔49行〕★　〔右図〕

〔第7章の図〕

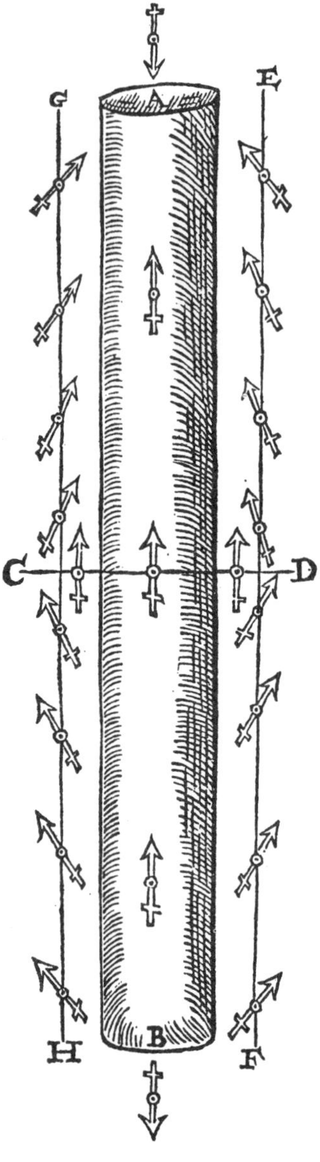

8. ふつうの羅針盤の構造について，および，いろいろな国々の羅針盤の多様性について。〔56行〕
9. 地上の経度を偏差をもとにして知ることができるか。〔62行〕
10. 偏差はなぜ極に近い場所では低緯度地帯よりも大きいのか。〔29行〕
11. カルダーノはその著『比例論』第5巻で，ヘラクレスの石の運動をもとにしてこの世界（mundus）の中心からの地球の中心の距離を求めているが，そのまちがいについて。〔10行〕
12. 偏差の大きさを見出すことについて——北極（または南極）から磁針の向かう点までの地平線の弧，つまり子午線の長さはどれほどか。〔264行〕——〔この章の図は130〜132ページにある〕
13. 船員たちによる偏差の測定は，大部分異っており，不確かである。——その一部は測定法の誤りと未熟さと測定器具の不正確さに起因するが，一部は，海がおだやかであることはまれであるので，影や光が測定器具の上にしっかりと安定したままでいないからである。〔37行〕
14. 昼夜平分線およびその近くでの偏差について。〔9行〕
15. 赤道以南の大エチオピア海とアメリカ海での磁針の偏差。〔36行〕
16. ノバ・ゼムブラにおける偏差について。〔14行〕
17. 太平洋における偏差。〔11行〕
18. 地中海における偏差について。〔16行〕
19. 大きな大陸内部での偏差。〔10行〕
20. 東方洋における偏差。〔21行〕
21. 回転針 versorium のふれは，距離によって，いかにして増えたり減ったりするか。〔55行〕

〔第21章の図〕

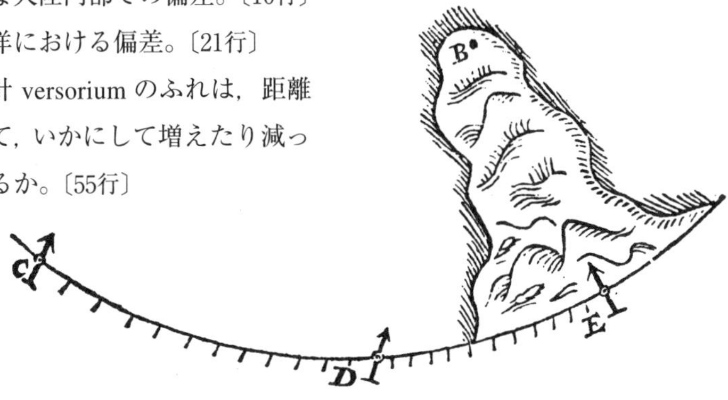

〔第12章の図〕

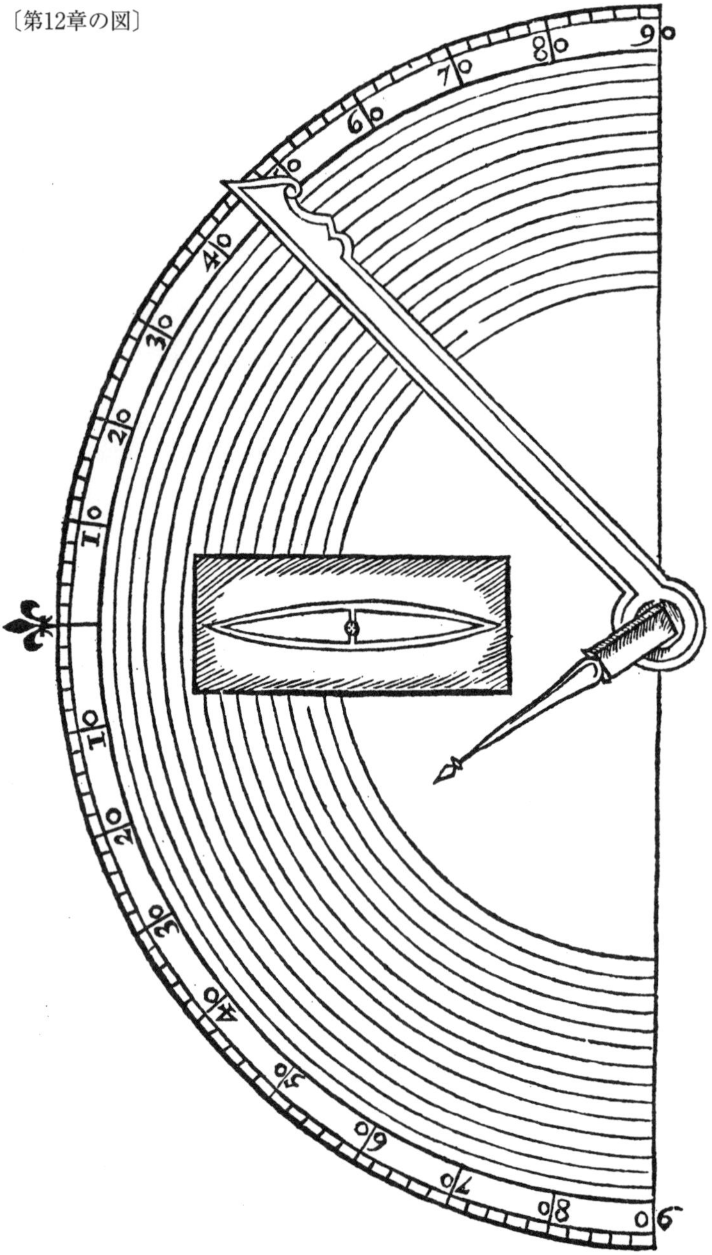

〔第12章の図〕

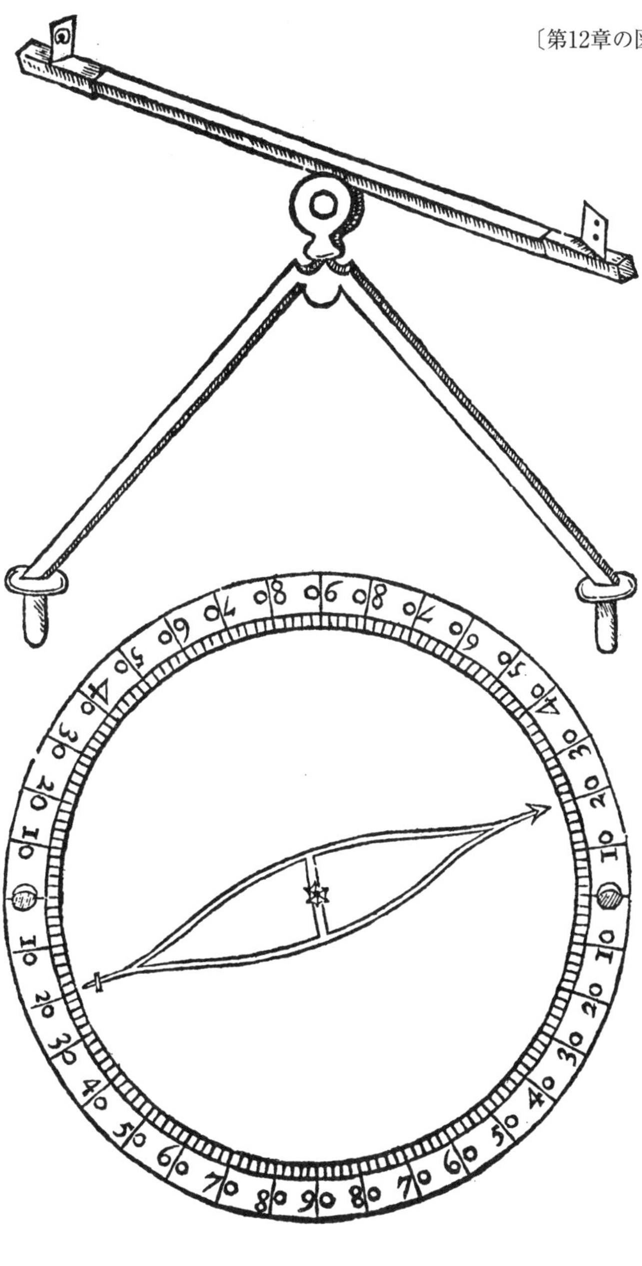

〔第12章の図〕

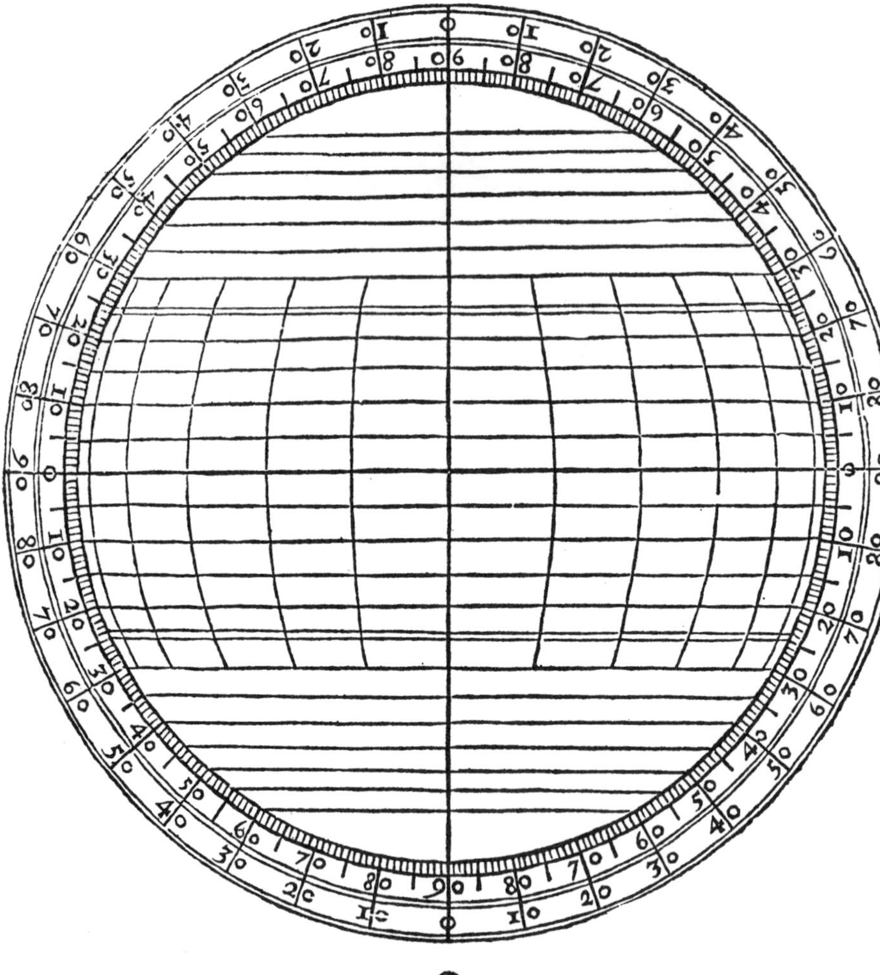

第 5 部

1. **伏角について**（De declinatione）〔今日では，declination といえば偏差のことで，伏角のことは dip という〕〔201行〕★

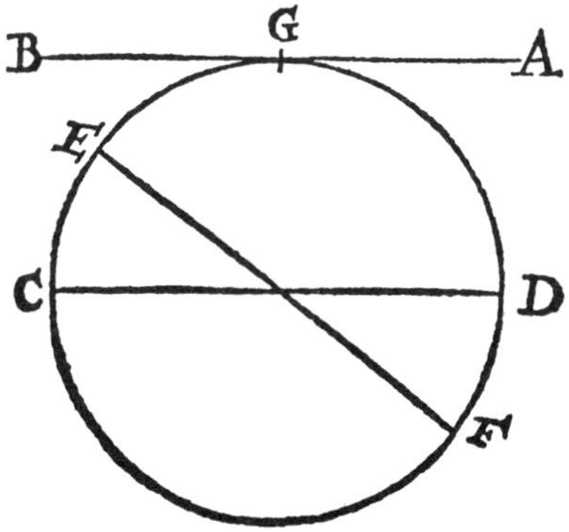

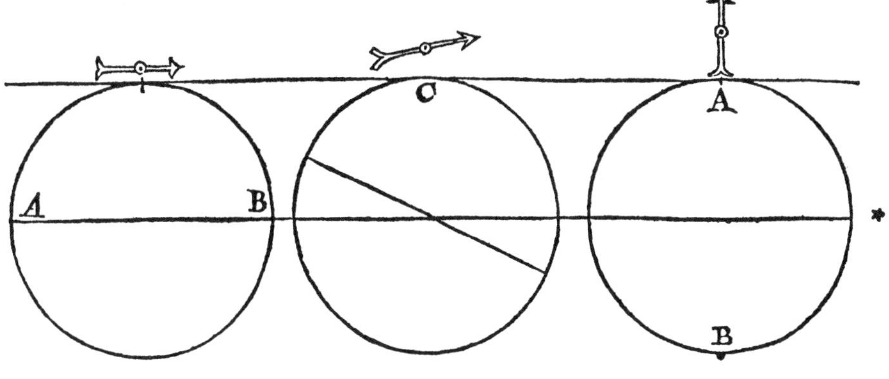

〔第１章の図〕

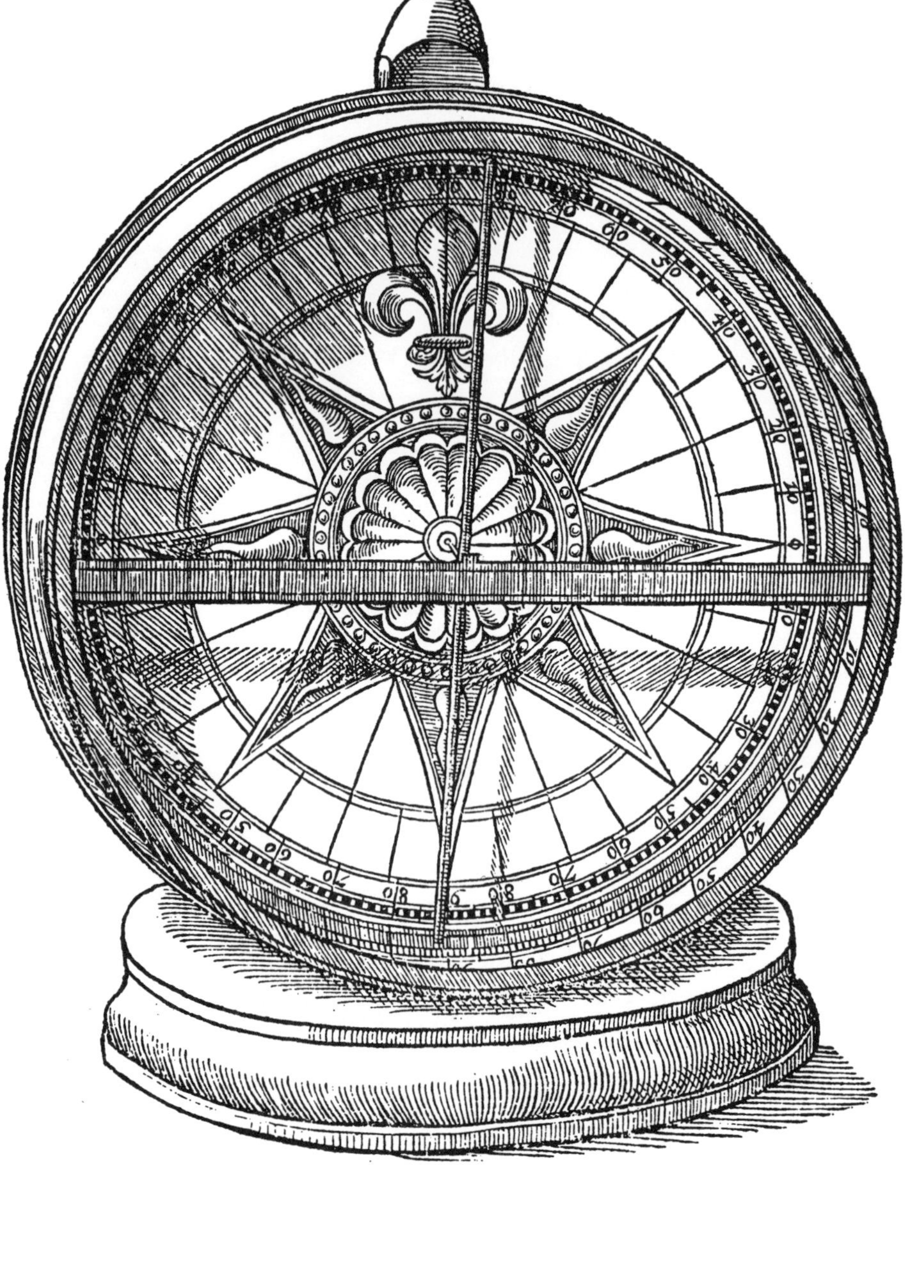

② 磁針を球形慈石つまり地平面上のさまざまな位置においたときの伏角の図（ここでは伏角のばらつきはないものとしてある)。〔82行〕★

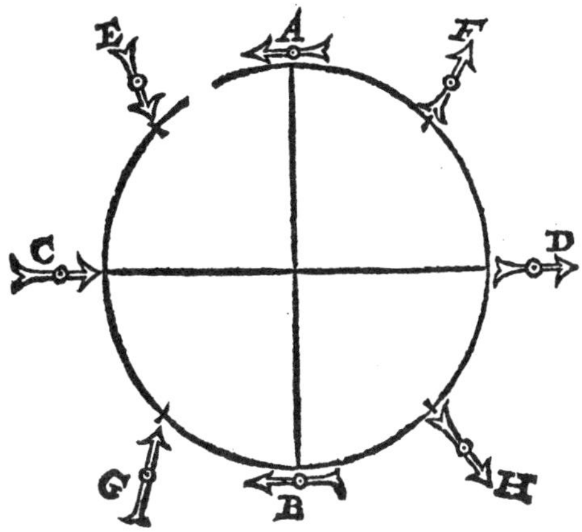

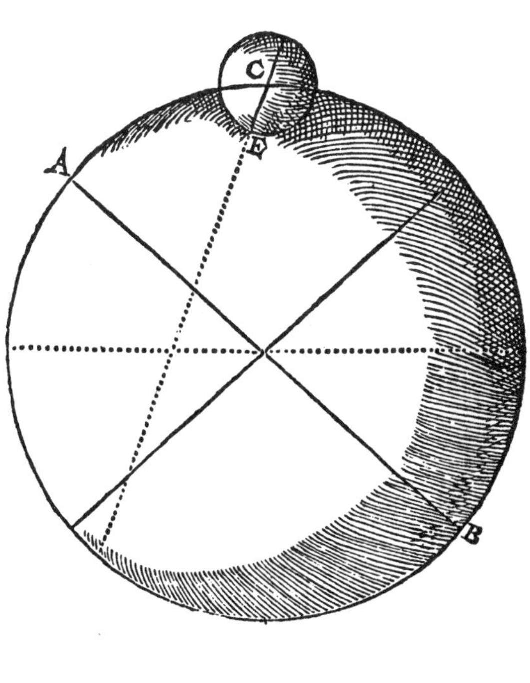

〔第 2 章の図〕

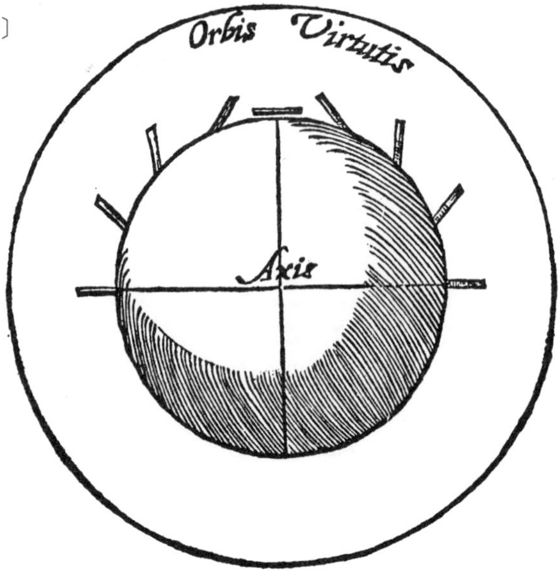

3. それぞれの緯度の水平線からの伏角を一つの石によって表示する装置。〔74行〕★

〔図は次ページ〕

4. テレラ（小地球）上での伏角をしらべるのに便利な回転針の長さに関して。〔33行〕

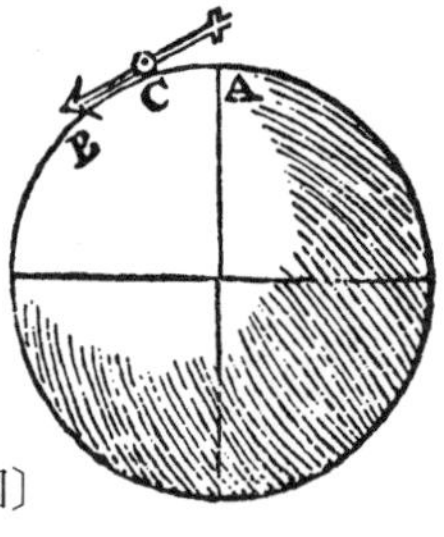

〔第 4 章の図〕

5. 伏角は，慈石の吸引によって生ずるのではなくて，その配列・回転させる働きによって生ずるのだということ。

〔54行〕★★

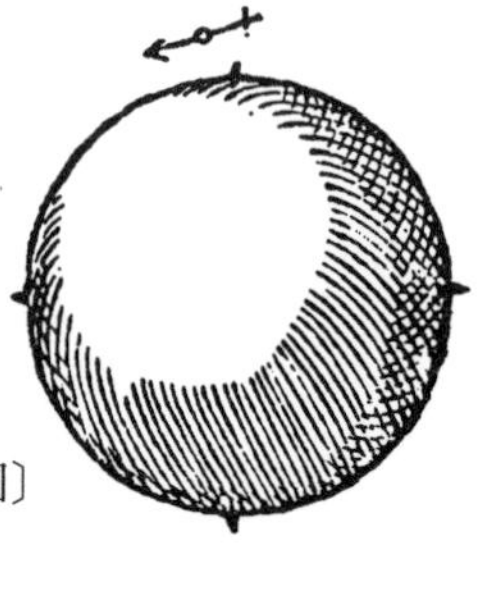

〔第 5 章の図〕

〔第３章の図〕

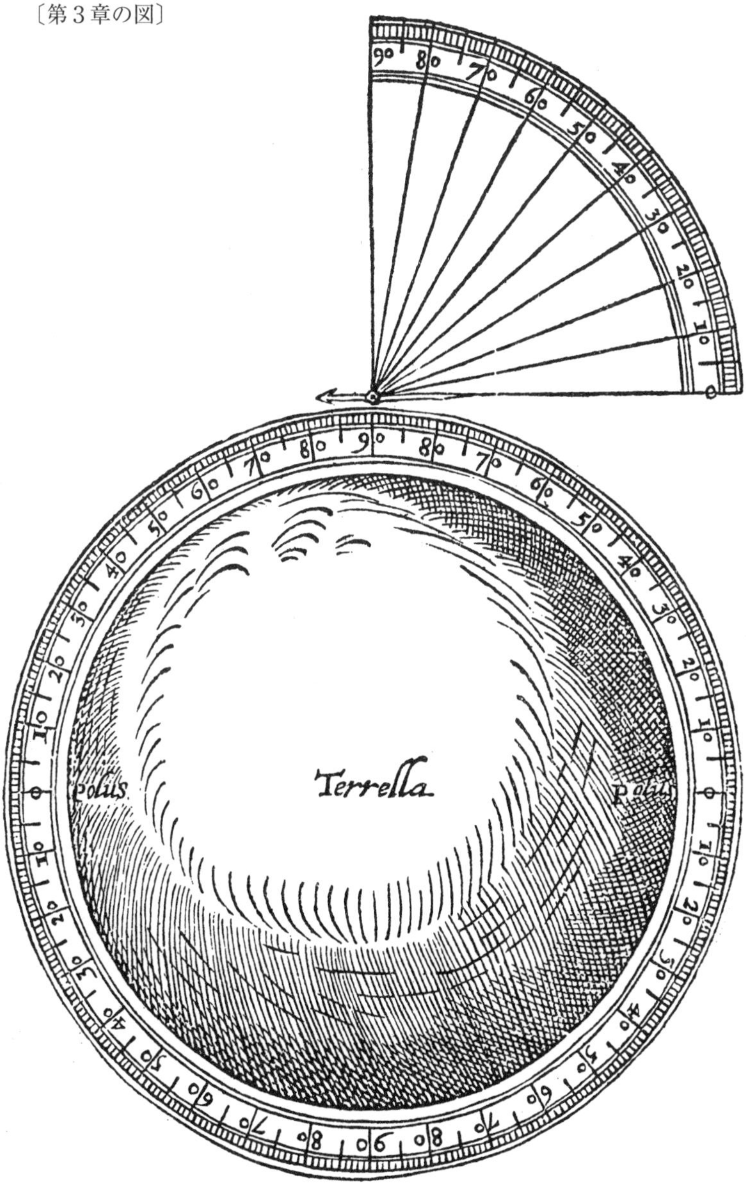

6. 伏角と緯度との比率について，およびその原因。〔77行〕★

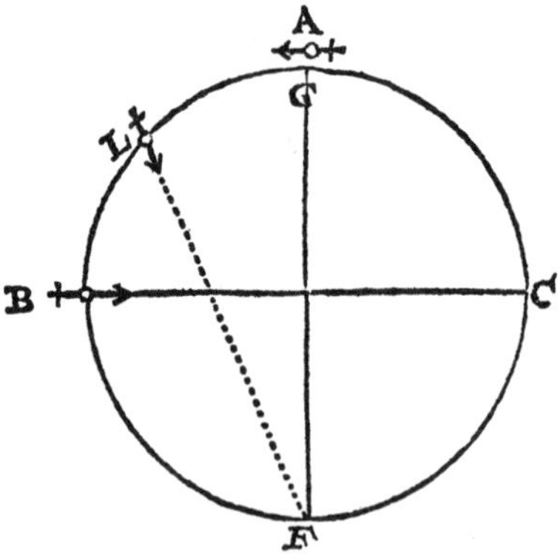

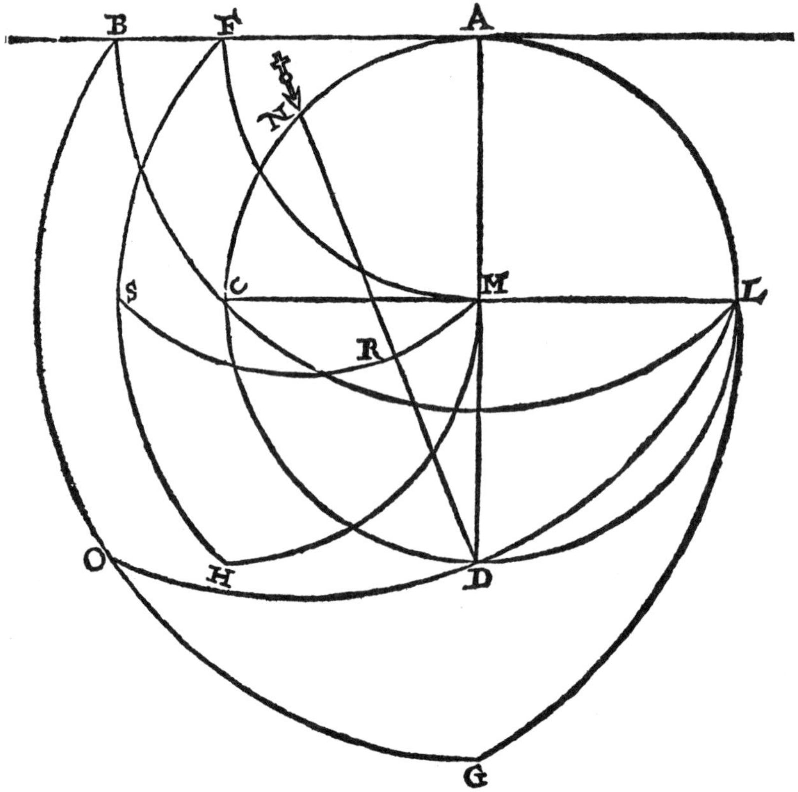

7. 磁針の回転の図の説明。〔44行〕

8. あらゆる緯度における伏角を示し，その回転と伏角とから緯度そのものを示すような磁針の回転の図。〔132行〕

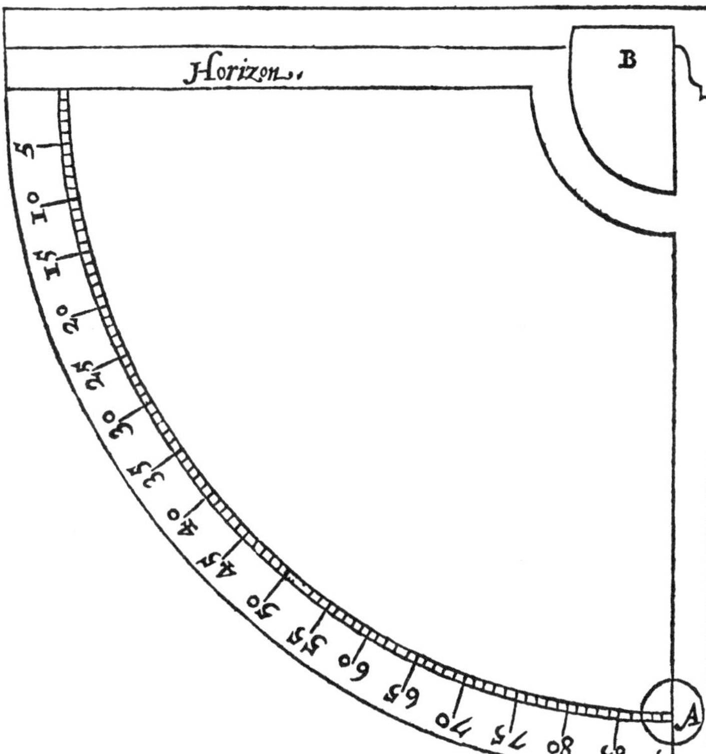

〔次ページも第８章の図〕

〔第８章の図〕

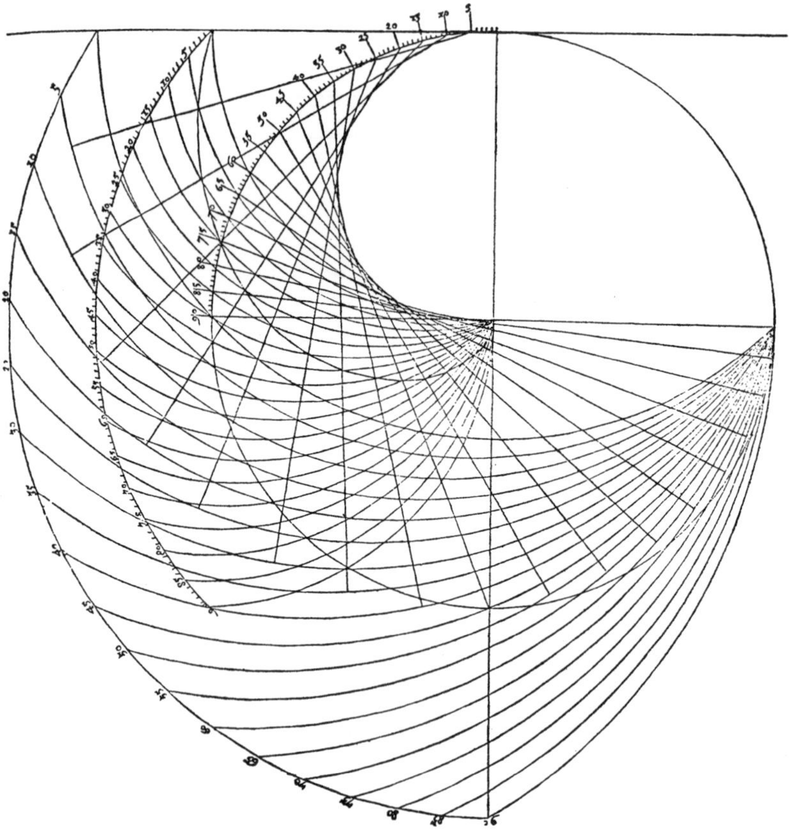

9. 指向つまり真の方向からの偏差および伏角を，水に浮かべたものの配置･回転させる力によるただ一つの運動によって同時に示すこと。〔51行〕★

10. 伏角の場所的な変化について。〔25行〕

〔25行〕★

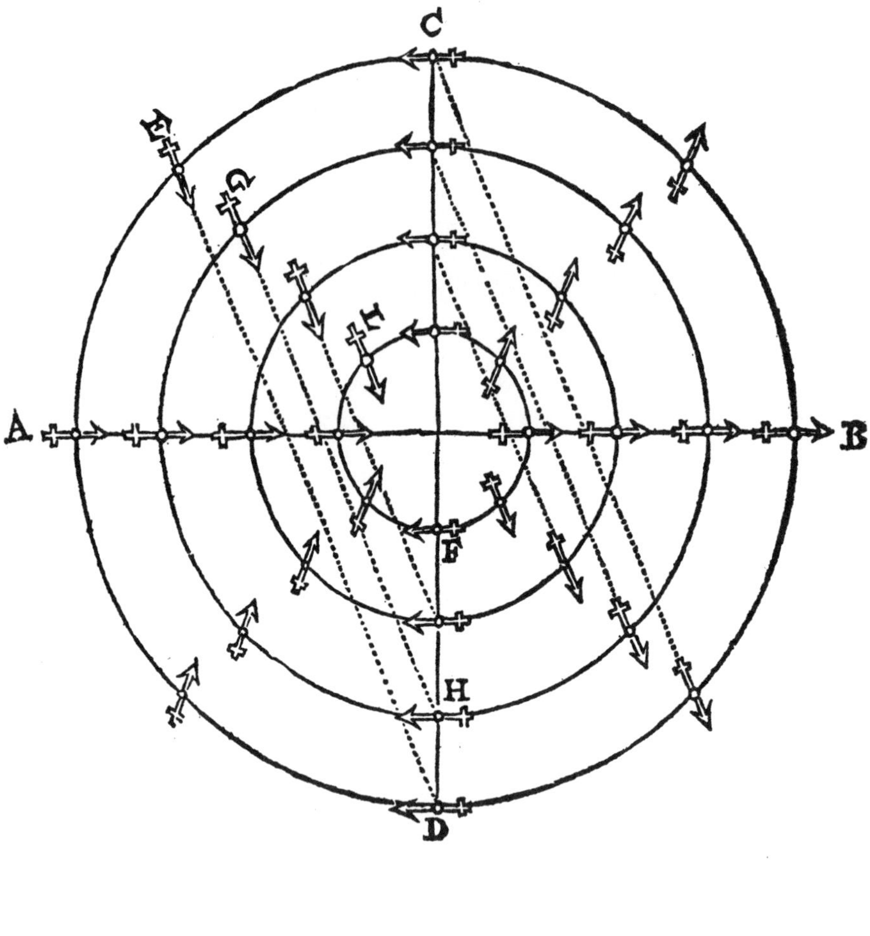

11. 球状に流れ出る磁気形相の活動について。〔104行〕★

12. **磁気力は生きている**，少なくとも魂に似ている（Vis magnetica animata est, aut animam imitatur）――これは，人間の魂（anima）がその有機的な身体に結びついているのとくらべると，多くの点で人間の魂よりすぐれている。〔104行〕

第 6 部

1. **大地の球，大きな磁石について。**〔46行〕
2. 大地の磁気の軸は不変である。〔63行〕
3. 地球の磁気的日周運動について——主動力〔Primum Mobile，恒星天〕ついての昔からの考えに反対する一つの可能な所説。〔225行〕
4. 地球は円運動するということ。〔197行〕

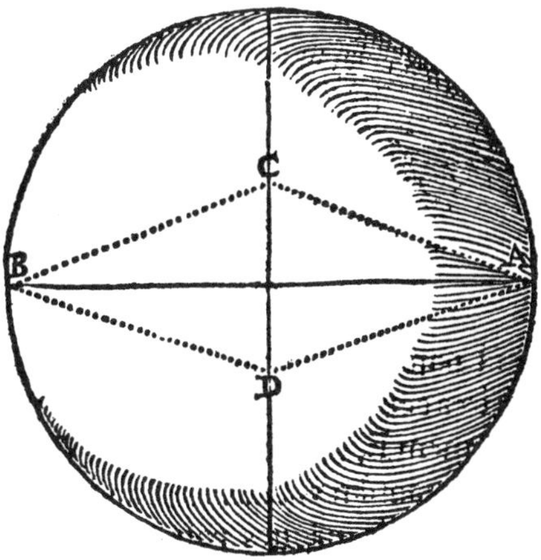

〔第４章の図〕

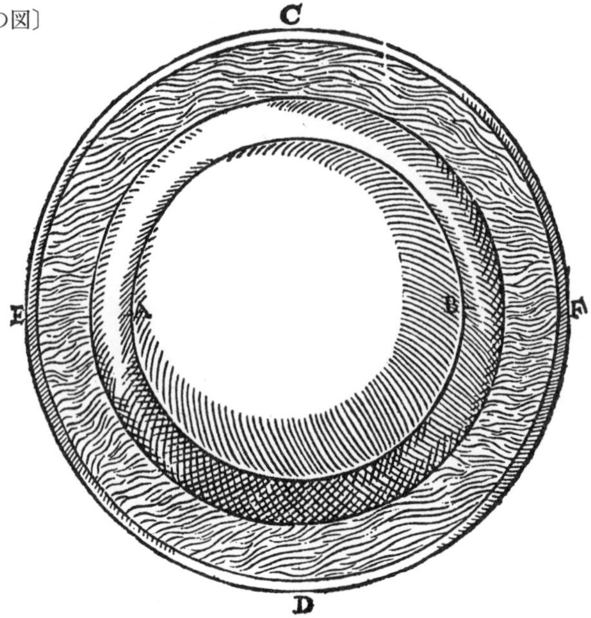

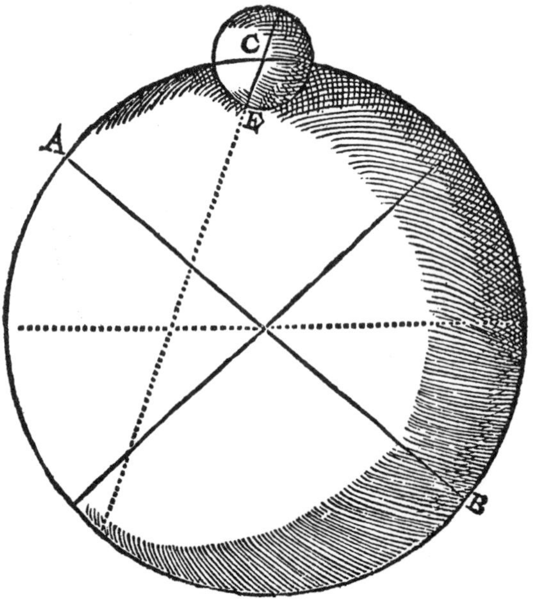

5. **地球の運動**を否定する議論とその論駁。〔203行〕

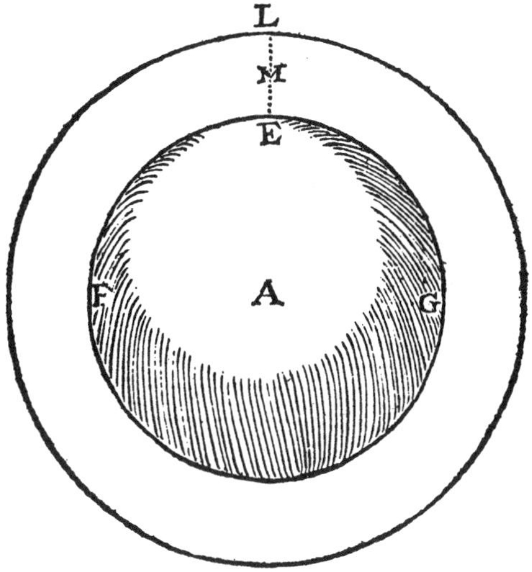

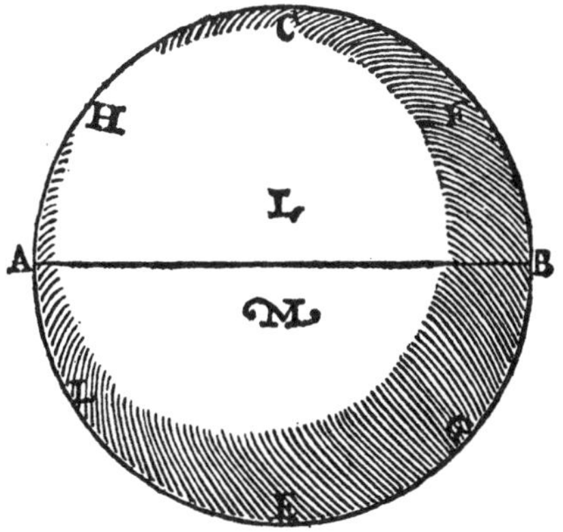

6. 地球の一回転の時間が一定である原因。〔72行〕
7. 本源的に磁気的な地球の本性——そのため地球の極は黄道の極から別になっているのである。〔26行〕
8、黄道帯の北極と南極の circle の中での地球の極の磁気的な運動による，昼夜平分点の歳差について。〔91行〕

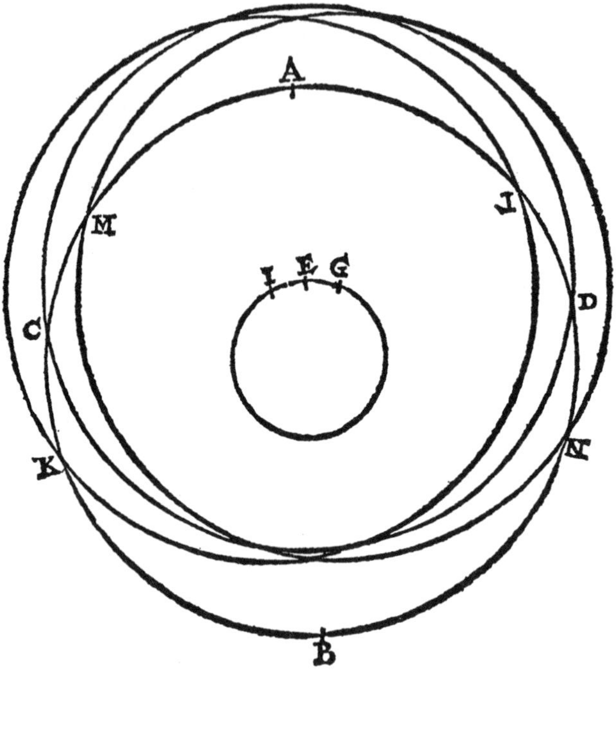

9. 昼夜平分点の歳差および黄道帯の傾きの異常について。〔154行〕

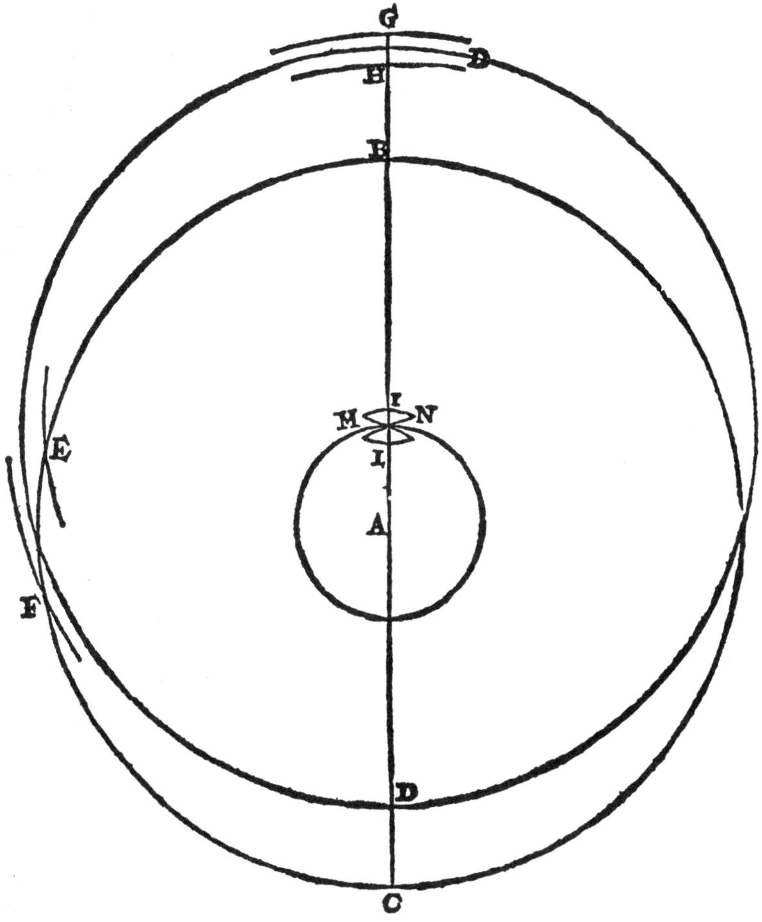

〔第9章の図〕

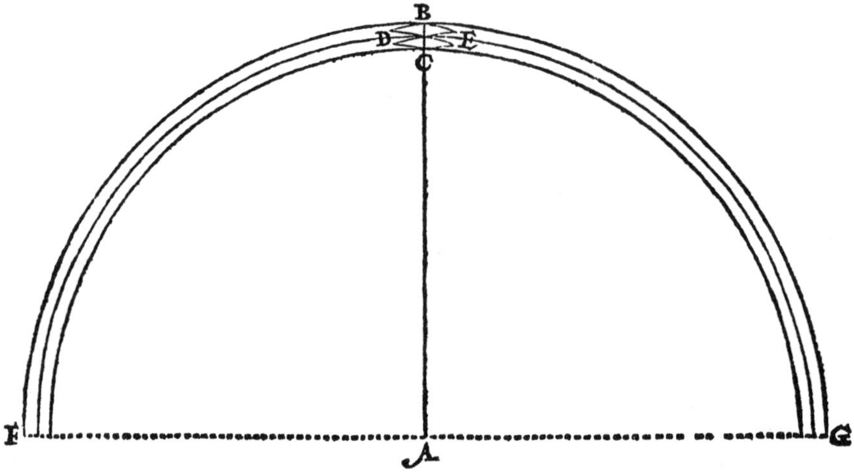

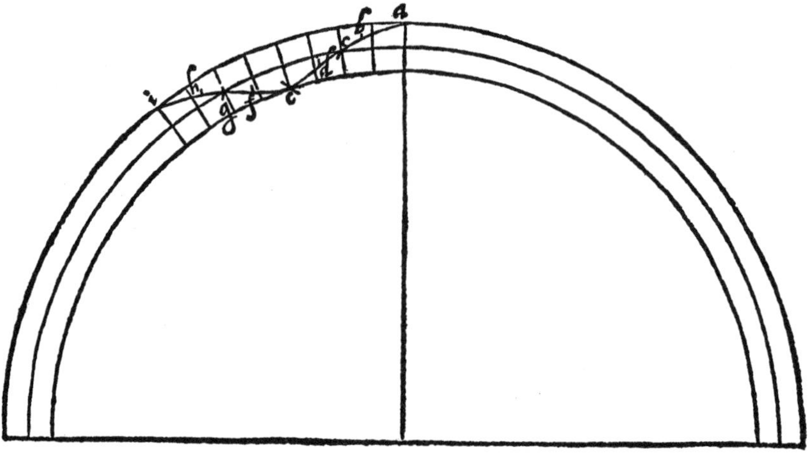

おわり

訳・解説者紹介――板倉聖宣（いたくら・きよのぶ）

1930年５月２日，東京下谷区（現，台東区東上野）に生まれる。
1953年３月，東京大学教養学部教養学科（科学史科学哲学分科）卒業。在学中に「〈社会の科学〉をも含めて，すべての科学的認識は仮説にもとづく実験によってのみ成立する」という認識論を確立。サークル機関誌『科学と方法』を創刊して，誤謬論を中心とした認識論の組織的な研究を始める。
1958年９月，東京大学大学院数物系研究科博士課程を修了，物理学史の研究によって理学博士となる。
1959年４月，国立教育研究所に勤務。
1963年８月，仮説実験授業を提唱，仮説実験授業研究会を組織してその会代表となる。
1973年３月，遠山啓氏らと教育雑誌『ひと』（太郎次郎社）を創刊。研究領域を授業科学全般，〈社会の科学〉の研究と教育にも拡げる。
1983年４月，月刊『たのしい授業』（仮説社）を創刊。その編集代表となる。
1995年３月，国立教育研究所を定年退職し，同研究所名誉所員となり，東京・高田馬場に「（私立）板倉研究室」を設立し，社会の科学を含む科学と教育の研究に従事。

これまで200冊以上の専門書／一般啓蒙書／児童書などを著しているが，**磁石と静電気に関するものには**，『磁石の魅力』『砂鉄とじしゃくのなぞ』『（授業書集成1）磁石』『（いたずらはかせのかがくの本）ふしぎな石―じしゃく』『（サイエンスシアター・電気となかよくなろう前編）静電気の世界』（板倉研究室発行）があるほか，論文集『私の新発見と再発見』に，「鉛筆やクレヨンも磁石にすいつく！」「磁石から逃げるシャープペンシルの芯・ひきつけられるアルミホイル」「ファラデー著〈新しい磁気作用〉について，および〈新しい物質の磁気的状態〉について」「希土類磁石（RE 磁石）とそれによる新実験」という論文が収録されており，《自由電子が見えたなら》という授業書があります。

科学の古典の翻訳には，永田英治共訳のフック著『ミクログラフィア』があり，**科学史に関するものには**，『原子論の歴史』上下，『ぼくらはガリレオ』（岩波書店），『科学と科学教育の源流』，『フランクリン』，『わたしもファラデー』，『科学の形成と論理』（季節社），『科学者伝記小事典』があり，**とくに日本科学史に関するものには**，『科学はどのようにしてつくられてきたか』『火曜日には火の用心』（国土社），『迷信と科学』『日本における科学研究の萌芽と挫折』（共著），『科学と社会』（季節社），『長岡半太郎伝』（共著，朝日新聞社）『（朝日評伝選）長岡半太郎』，『かわりだねの科学者たち』『模倣の時代』上下，などがあります。

そのほか，もっとも広く読まれた著書に，『科学的とはどういうことか』，『日本史再発見――理系の視点から』（朝日新聞社），『仮説実験授業のＡＢＣ』，『ジャガイモの花と実』（福音館），『発明発見物語全集』（国土社），〈いたずらはかせのかがくの本〉既刊11冊（国土社），〈サイエンスシアターシリーズ〉の本（既刊15冊），やや専門的な本に，『科学と方法』（季節社），『日本理科教育史』（第一法規），『仮説実験授業』などがあり，**代表的な一般啓蒙書に**，『歴史の見方考え方』『模倣と創造』『差別と迷信』『世界の国旗』『世界の国ぐに』『お金と社会』『生類憐みの令』『勝海舟と明治維新』『世宗大王の生涯』『新哲学入門』『発想法かるた』『教育評価論』などがあります。

〔以上のうち，出版社名のないものはみな仮説社発行です〕

ウィリアム・ギルバート　1600年原著
（1978年８月10日，翻訳初版発行）

磁石（および電気）論

2008年６月25日　新版発行（1500部）

訳解説　**板倉聖宣**

発行所　株式会社　**仮説社**
169-0075　東京都新宿区高田馬場2-13-7
電話：03-3204-1779　ファックス：03-3204-1781
E-mail：mail@kasetu.co.jp　URL：http://www.kasetu.co.jp/
ISBN 978-4-7735-0207-7　　Printed in Japan

シナノ印刷／鵬紙業